孩子超喜爱的科学日记

神秘的
太空

肖叶 万文丹 / 著　杜煜 / 绘

以日记为引，讲太空百科
1分钟了解1个知识点

U0178875

人民文学出版社　天天出版社

日记好看，科学好玩儿

国际儿童读物联盟主席　张明舟

人类有好奇的天性，这一点在少年儿童身上体现得尤为突出：他们求知欲旺盛，感官敏锐，爱问"为什么"，对了解身边的世界具有极大热情。各类科普作品、科普场馆无疑是他们接触科学知识的窗口。其中，科普图书因内容丰富、携带方便、易于保存等优势，成为少年儿童及其家长的首选。

"孩子超喜爱的科学日记"是一套独特的为小学生编写的原创日记体科普童书，这里不仅记录了丰富有趣的日常生活，还透过"身边事"讲科学。书中的主人公是以男孩童晓童为首的三个"科学小超人"，他们从身边的生活入手，探索科学的秘密花园，为我们展开了一道道独特的风景。童晓童的"日记"记录了这些有趣的故事，也自然而然地融入了科普知识。图书内容围绕动物、植物、物理、太空、军事、环保、数学、地球、人体、化学、娱乐、交通等主题展开。每篇日记之后有"科学小贴士"环节，重点介绍日记中提到的一个知识点或是一种科学理念。每册末尾还专门为小读者讲解如何写观察日记、如何进行科学小实验等。

我在和作者交流中了解到本系列图书的所有内容都是从无到有、从有到精，慢慢打磨出来的。文字作者一方面需要掌握多学科的大量科学知识，并随时查阅最新成果，保证知识点准确；另一方

面还要考虑少年儿童的阅读喜好，构思出生动曲折的情节，并将知识点自然地融入其中。这既需要勤奋踏实的工作，也需要创意和灵感。绘画者则需要将文字内容用灵动幽默的插图表现出来，不但要抓住故事情节的关键点，让小读者看后"会心一笑"，在涉及动植物、器物等时，更要参考大量图片资料，力求精确真实。科普读物因其内容特点，尤其要求精益求精，不能出现观念的扭曲和知识点的纰漏。

"孩子超喜爱的科学日记"系列将文学和科普结合起来，以一个普通小学生的角度来讲述，让小读者产生亲切感和好奇心，拉近了他们与科学之间的距离。严谨又贴近生活的科学知识，配上生动有趣的形式、活泼幽默的语言、大气灵动的插图，能让小读者坐下来慢慢欣赏，带领他们进入科学的领地，在不知不觉间，既掌握了知识点，又萌发了对科学的持续好奇，培养起基本的科学思维方式和方法。孩子心中这颗科学的种子会慢慢生根发芽，陪伴他们走过求学、就业、生活的各个阶段，让他们对自己、对自然、对社会的认识更加透彻，应对挑战更加得心应手。这无论对小读者自己的全面发展，还是整个国家社会的进步，都有非常积极的作用。同时，也为我国的原创少儿科普图书事业贡献了自己的力量。

我从日记里看到了"日常生活的伟大之处"。原来，日常生活中很多小小的细节，都可能是经历了千百年逐渐演化而来。"孩子超喜爱的科学日记"在对日常生活的探究中，展示了科学，也揭开了历史。

范小米
米 粒

童晓童
童 童

皮尔森
高 兴

　　她叫范小米，同学们都喜欢叫她米粒。他叫皮尔森，中文名叫高兴。我呢，我叫童晓童，同学们都叫我童童。我们三个人既是同学也是最好的朋友，还可以说是"臭味相投"吧！这是因为我们有共同的爱好。我们都有好奇心，我们都爱冒险，还有就是我们都酷爱科学。所以，同学们都叫我们"科学小超人"。

童晓童一家

童晓童 男，10岁，阳光小学四年级（1）班学生

　　我长得不能说帅，个子嘛也不算高，学习成绩中等，可大伙儿都说我自信心爆棚，而且是淘气包一个。沮丧、焦虑这种类型的情绪，都跟我走得不太近。大家都叫我童童。

　　我的爸爸是一个摄影师，他总是满世界地玩儿，顺便拍一些美得叫人不敢相信的照片登在杂志上。他喜欢拍风景，有时候也拍人。其实，我觉得他最好的作品都是把镜头对准我和妈妈的时候诞生的。

　　我的妈妈是一个编剧。可是她花在键盘上的时间并不多，她总是在跟朋友聊天、逛街、看书、沉思默想、照着菜谱做美食的分分秒秒中，孕育出好玩儿的故事。为了写好她的故事，妈妈不停地在家里扮演着各种各样的角色，比如侦探、法官，甚至是坏蛋。有时，我和爸爸也进入角色和她一起演。好玩儿！我喜欢。

　　我的爱犬琥珀得名于它那双"上不了台面"的眼睛。在有些人看来，蓝色与褐色才是古代牧羊犬眼睛最美的颜色。8岁那年，我在一个拆迁房的周围发现了它，那时它才6个月，似乎是被以前的主人遗弃了，也许正是因为它的眼睛。我从那双琥珀色的眼睛里，看到了对家的渴望。小小的我跟小小的琥珀，就这样结缘了。

范小米一家

范小米 女，10岁，阳光小学四年级（1）班学生

我是童晓童的同班同学兼邻居，大家都叫我米粒。其实，我长得又高又瘦，也挺好看。只怪爸爸妈妈给我起名字时没有用心。没事儿的时候，我喜欢养花、发呆，思绪无边无际地漫游，一会儿飞越太阳系，一会儿潜到地壳的深处。有很多好玩儿的事情在近100年之内无法实现，所以，怎么能放过想一想的乐趣呢？

我的爸爸是一个考古工作者。据我判断，爸爸每天都在历史和现实之间穿越。比如，他下午才参加了一个新发掘古墓的文物测定，晚饭桌上，我和妈妈就会听到最新鲜的干尸故事。爸爸从散碎的细节中整理出因果链，让每一个故事都那么奇异动人。爸爸很赞赏我的拾荒行动，在他看来，考古本质上也是一种拾荒。

我妈妈是天文馆的研究员。爸爸埋头挖地，她却仰望星空。我成为一个矛盾体的根源很可能就在这儿。妈妈有时举办天文知识讲座，也写一些有关天文的科普文章，最好玩儿的是制作宇宙剧场的节目。妈妈知道我好这口儿，每次有新节目试播，都会带我去尝鲜。

我的猫名叫小饭，妈妈说，它恨不得长在我的身上。无论什么时候，无论在哪儿，只要一看到我，它就一溜小跑，来到我的跟前。要是我不立马知情识趣地把它抱在怀里，它就会把我的腿当成猫爬架，直到把我绊倒为止。

皮尔森一家

皮尔森 男，11岁，阳光小学四年级（1）班学生

我是童晓童和范小米的同班同学，也是童晓童的铁哥们儿。虽然我是一个英国人，但我在中国出生，会说一口地道的普通话，也算是个中国通啦！小的时候妈妈老怕我饿着，使劲儿给我搋饭，把我养成了个小胖子。不过胖有胖的范儿，而且，我每天都乐呵呵的，所以，爷爷给我起了个中文名字叫高兴。

我爸爸是野生动物学家。从我们家常常召开"世界人种博览会"的情况来看，就知道爸爸的朋友遍天下。我和童晓童穿"兄弟装"的那两件有点儿像野人穿的衣服，就是我爸爸野外考察时带回来的。

我妈妈是外国语学院的老师，虽然才36岁，认识爸爸却有30年了。妈妈简直是个语言天才，她会6国语言，除了教课以外，她还常常兼任爸爸的翻译。

我爷爷奶奶很早就定居中国了。退休之前，爷爷是大学生物学教授。现在，他跟奶奶一起，住在一座山中别墅里，还开垦了一块荒地，过起了农夫的生活。

奶奶是一个跨界艺术家。她喜欢奇装异服，喜欢用各种颜色折腾她的头发，还喜欢在画布上把爷爷变成一个青蛙身子的老小伙儿，她说这就是她的青蛙王子。有时候，她喜欢用笔和颜料以外的材料画画。我在一幅名叫《午后》的画上，发现了一些干枯的花瓣，还有过了期的绿豆渣。

目 录

1月9日	星期二	来自星际的白色问候	10
2月7日	星期三	太空小辣椒	14
2月8日	星期四	月球撒尿第一人	18
3月1日	星期四	看！我是这么走路的	22
3月2日	星期五	能穿的航天器	26
3月3日	星期六	关于牙膏、睡觉和伤疤	30
3月4日	星期日	高兴，请收下我深深的歉意	34
3月5日	星期一	最高的厕所	38
3月6日	星期二	特别的午睡垫	42
3月7日	星期三	"米粒牌"太空食品	46
3月8日	星期四	是疯子，还是天才？	50
3月9日	星期五	8元一瓶的奢侈品	54
3月16日	星期五	一次被迫的太空洗澡体验	58
3月17日	星期六	休息时间如何消遣	62
3月18日	星期日	谁说不能倒着走	66
3月19日	星期一	打捞太空垃圾	70

4月2日　　　星期一　　　就这么一直美好下去 ················· 74

4月12日　　　星期四　　　水星小姐 ················· 78

5月14日　　　星期一　　　史上最牛离家出走者 ················· 82

5月24日　　　星期四　　　来自金星的"狮子头" ················· 86

6月16日　　　星期六　　　大块头有大智慧 ················· 90

6月30日　　　星期六　　　"勺子"的未来 ················· 94

7月12日　　　星期四　　　小小大人物 ················· 98

8月27日　　　星期一　　　谢谢你，我的朋友 ················· 102

9月11日　　　星期二　　　"迷失火星"俱乐部 ················· 106

10月13日　　　星期六　　　头顶光环的小天 ················· 110

11月9日　　　星期五　　　天生流浪者 ················· 114

11月25日　　　星期日　　　眼界无限大 ················· 118

12月6日　　　星期四　　　寻找小绿人 ················· 122

12月29日　　　星期六　　　猎户座的金腰带 ················· 126

童童有话说——科学日记的写法 ················· 130

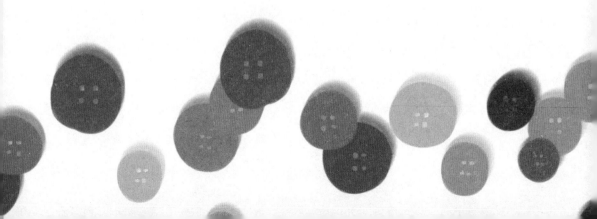

1月9日
星期二
来自星际的白色问候

　　我觉得有必要让高兴明白，雪球跟石头是有本质上的区别的。这样，打雪仗时，他就不会拿个石头"问候"我了。

　　早上一切顺利，更大的惊喜是，经过一夜的狂风洗礼，一场大雪降临了。一上午没几个安心听课的，同学们都等着中午来一场痛痛快快的雪球大战。不过由于高兴同学对于今天的午饭实在太过喜爱，在我们享用完毕后决定加餐，我与米粒只好先行到操场上寻找适合打雪仗的地点——去晚了谁知道操场会被热情的同学包围成什么样呢！

谢天谢地！我和米粒去时人不算太多，玩起来挺痛快。没过多久，我就感受到越来越多的雪球从我身旁呼啸而过，我也开始警惕起来，眼观六路，耳听八方，小心翼翼且有技巧地躲避着。下面的这个比喻有点儿复杂，但我觉得确实是这样：我就像某个伟大的宇宙交警，指挥着各路呼啸而来的彗星有秩序地穿过十字路口，确保它们不会与我相撞。好吧！我想我把自己比喻得太伟大了。可是就彗星而言，它本身就是个冰与灰尘的组合体，说它是个脏兮兮的大雪球真是一点儿都不为过。当然啦，虽然雪球并不是按照我指挥的方向飞走，但如果我在躲避的基础上加个随雪球方向比画的手势，看起来还是挺像"指挥"

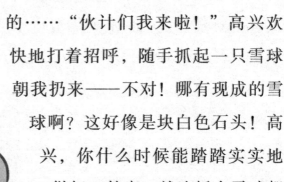

的……"伙计们我来啦！"高兴欢快地打着招呼，随手抓起一只雪球朝我扔来——不对！哪有现成的雪球啊？这好像是块白色石头！高兴，你什么时候能踏踏实实地做好一件事？就连抓个雪球都能错抓成一块白色石头！石头啊！这可是真正的石头！

幸亏我身手敏捷及时躲开。不然，下午的课我也不用上了，顶着个大包直接入住医务室。你这不是彗星啊！你这直接丢了颗小行星过来啊！我觉得你除了道歉外，有必要学习一下"打雪仗的正确方法"以及"如何区分雪球与白色石头"！

好吧，接下来的半天时间，高兴见了我就像一只夹着尾巴的狗狗。或者，我应该说他像一颗"见了太阳的彗星"，将那硕大的"尾巴"小心地避开我，永远在背对着我的方向，好像生怕他一不注意，我就会过去踩上一脚。哼，我才没那么小气。

当然，高兴对我道歉了。事实上，在高兴反应过来他抓的"雪球"是白色石头的那一刻，他就向我道歉了，只是那时候我实在生气懒得理他罢了……1910年，哈雷彗星回归，我们这个巨大的地球在它的大尾巴里钻了几个小时，但由于彗星彗尾的物质太稀薄，甚至比实验室制造出的"真空"密度还低，所以人们一点儿都没感觉到。我说这个的原因是，下午米粒拿这事劝我应该大度，堂堂一个大地球钻几个小时彗星的尾巴都没啥，我只是险些被一个"小行星"问候了一下，而且肇事者是我最好的朋友之一，我更应该宽容对待。老实说，我不觉得"地球钻彗星尾巴几小时"跟"我原谅高兴干的这件蠢事"有何关系，但我还是决定原谅他——毕竟，高兴是我的好哥们儿呀！

科学小贴士

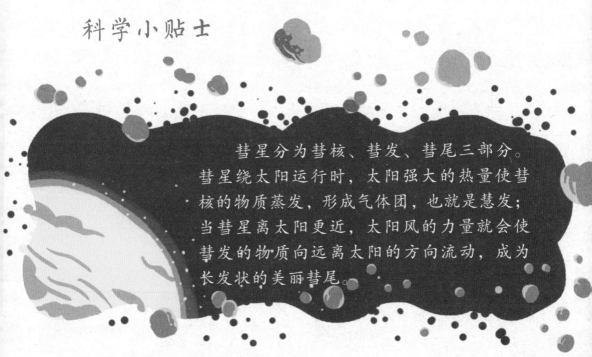

彗星分为彗核、彗发、彗尾三部分。彗星绕太阳运行时，太阳强大的热量使彗核的物质蒸发，形成气体团，也就是慧发；当彗星离太阳更近，太阳风的力量就会使彗发的物质向远离太阳的方向流动，成为长发状的美丽彗尾。

13

2月7日 星期三
太空小辣椒

下午，我发牢骚说："每次抱着琥珀睡觉，感觉就像抱着个火球。"

米粒钻牛角尖的毛病又开始发作："火这种东西，在地球上很难呈现为完美的球形，你顶多形容琥珀'像个火炉'。"

好吧，在爸爸的全程监控下，我开始研究如何让火燃烧得像个球。

当然，最后的结果是我失败了。这没什么，至少我努力过。

而且我知道了，要想让火苗变成完美的球形，只有在自由下落时或在太空中。更诡异的是，咱们平常见的火苗以红黄色为主，而太空里的大多数"火球"却是名副其实的蓝色！说到这儿，我想起来另一件事：辨色识温。

简单说来，辨色识温就是看颜色了解温度。这个方法对恒星有效。好吧，为了防止有人在偷看我日记时（确切地说，是当我成为航天英雄后来膜拜我的日记）不懂这些专业术语，我还是解释一下什么是恒星：能自己发光的星星。完毕。

回到上面的话题，辨色识温。红色跟蓝色哪个看起来更热？

我选红色。可是，在太空中偏偏就反着来：蓝色的恒星一

定比红色的恒星热。比如，外表蓝色的天狼星就是个比太阳还
要热上许多倍的厉害家伙，堪称"太空小辣椒"！

　　既然说了恒星，公平起见也提一下行星里的"辣妹"吧。
没错，行星里也有"小辣椒"。这"小辣椒"的名字还挺长：
HD149026b，它的表面温度可足足有 2040 摄氏度！这是什么概

念呢？可以这么理解，它比金星表面还要热上三倍。而金星是太阳系里最热的行星。

啧啧，满纸的"火球""小辣椒"，这日记写得我有点儿热。

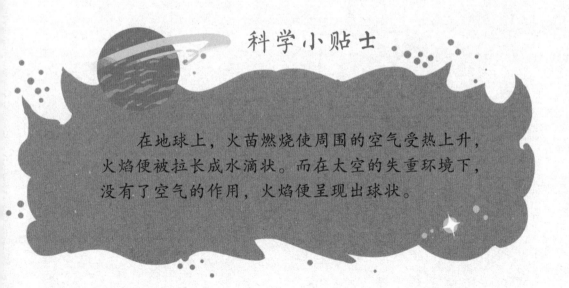

科学小贴士

在地球上，火苗燃烧使周围的空气受热上升，火焰便被拉长成水滴状。而在太空的失重环境下，没有了空气的作用，火焰便呈现出球状。

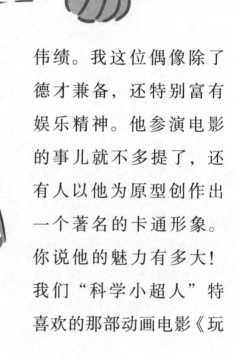

2月8日
星期四
月球撒尿第一人

　　我最近有了个偶像。

　　当然了，能成为我的偶像必定很了不起。只是，我说的了不起不是指他在航天上的丰功伟绩。我这位偶像除了德才兼备，还特别富有娱乐精神。他参演电影的事儿就不多提了，还有人以他为原型创作出一个著名的卡通形象。你说他的魅力有多大！我们"科学小超人"特喜欢的那部动画电影《玩具总动员》里的巴斯光年就是以他的名字命名的！还有比这更酷的吗？全世界的小孩儿都知道他的名字！好吧，写到这儿，我已经在幻想等我成为航天英雄时我的卡通形象是什么样，会不会跟他的一样受欢迎了。想这些有点儿早，我还是先说说我偶像吧！

巴兹·奥尔德林！我就算在这里写他的名字都会激动得发抖！先想想巴兹当年那个又酷又机智的回答，当记者问他对尾随阿姆斯特朗成为第二个登上月球的人有没有遗憾的时候，他说："我是从别的星球上回到地球的第一人！"我想，我一时半会儿还做不到他这么豁达。我承认，我很小心眼儿，要是我已经被选为登月航天员，在登月的最后关头却排在了队友后面，我会有那么点儿不高兴。当然啦，我知道航天员有个很重要的品质是擅长团队协作，所以，我也在积极努力改正我小心眼儿的毛病。

　　更酷的是，他不仅是第二位登上月球的人，还是第一位在

月球上撒尿的人！当然，他撒尿的方式很低调，外人甚至看不出来，他表面上还在淡定地执行着登陆月球的任务。

不过，这也证明了，英雄跟普通人一样，也有各种基本的生理需求。

科学小贴士

在执行登月任务的时候，奥尔德林因为太过激动，竟然有股尿意。于是，他不顾守着电视机观看登月直播的数亿观众，就这么在月球上尿起来。当然，他的尿没流在月球上，而是流进了航天服里的一根管子里。

3月1日 星期四
看！我是这么走路的

当体育老师让我们搬出那摞脏兮兮的软垫，我就知道这节课不会轻松了。上次练习摔跤，高兴用一个扫堂腿让我的脸和软垫亲密接触了一番，于是整个下午我顶着一张过敏成"猴屁股"的脸招摇过市，成为了众人瞩目的焦点。

谢天谢地，这次搬软垫的目的不是摔跤，而是翻跟头。但这也好不到哪儿去，翻跟头时脸与软垫的接触机会并不会比摔跤低太多。

不得不佩服我们体育老师的想象力，他说这堂课的主题是"像星星一样翻滚"。他自认为把枯燥的锻炼安上一个有趣的名头会更加吸引我们。不过，谁都知道这其实就是无聊的"抱

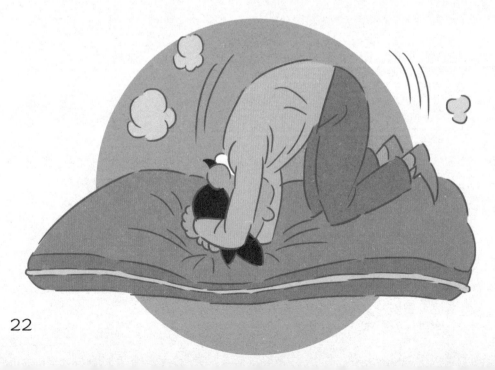

头翻跟头"。

　　但问题是，星星是怎么翻滚的呢？

　　拜专业看星星的米粒老妈所赐，米粒同学给我跟高兴提供了相当靠谱的建议：采用"懒汉"天王星的自转模式。具体做法就是平躺在软垫上，然后用身体侧面翻转。如果我的脖子足够有力，还能让我的头远离软垫，避免再次过敏的事情发生。天王星先生，您必须得知道，一个远在地球，名叫童晓童的小学生有多感谢您。

　　当体育老师要判定我们不合格时，我们把早已准备好的借口——啊不，早已准备好的理由慢条斯理地向他解释了一遍。

很简单，天王星的自转轴与它的公转平面几乎重合，也就是说，天王星几乎是躺在它的公转轨道上旋转的。真是懒啊，这完全就是琥珀耍赖不肯起床的招牌动作。

因为天王星如此不勤劳的活动方式，导致它一面要晒上 42 年的太阳才会轮到另一面。我想这就是为什么咱们不考虑移民天王星的原因之一吧！如果要面对一次持续 42 年的白天和持续 42 年的夜晚，我的人生大概也不过是经历一次昼夜交替的长度。哦，对了，天王星不适合移民还有一个重要原因——它是一颗气态行星！

除了"躺着"自转的天王星，太阳系中还有个在古罗马神话中被叫作"维纳斯"的家伙也追求个性，张扬自我，非要跟别人规规矩矩的自转方向反着来，于是它就成了反向自转代言人。如同迈克尔·杰克逊的太空步一样，看起来跟别人一样都是迈开大步，别人的效果是往前，它却"哧溜哧溜"后退了。

当然，毕竟它还是太阳系的一分子，大步调的公转方向还是跟大伙保持一致。这么有个性的家伙有个中文名，叫"金星"。

另外，如果人的头跟脚相当于行星的两极的话，我还真没见过"抱头翻转"的行星。所以，体育老师这样说只是为了用趣味来调动我们的积极性罢了。

科学小贴士

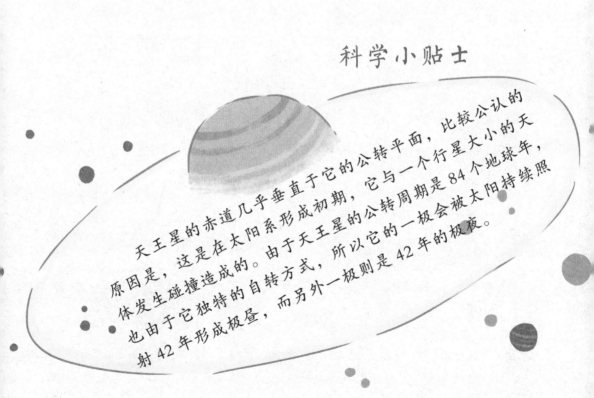

天王星的赤道几乎垂直于它的公转平面，比较公认的原因是，这是在太阳系形成初期，它与一个行星大小的天体发生碰撞造成的。由于天王星的公转周期是84个地球年，也由于它独特的自转方式，所以它的一极会被太阳持续照射42年形成极昼，而另外一极则是42年的极夜。

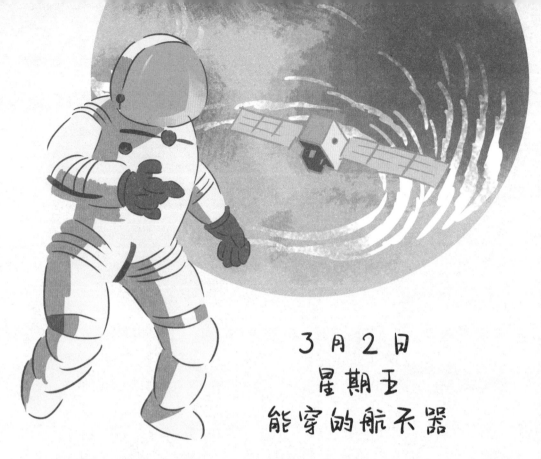

3月2日
星期五
能穿的航天器

我觉得我有必要进行一下太空模拟训练。

毕竟我还不知道以后的职业。如果我长大以后要做消防员，那我现在就必须锻炼好身体，让自己具备勇气与胆量；如果我以后当厨师，我现在煮的面条已经有一个铁杆粉丝了——琥珀；但如果我以后想成为航天员，我现在却一点儿准备都没有！

这是非常危险的事情，毕竟机会都是留给有准备的人。所以，我必须现在开始适应太空中的环境。首先，要弄一件

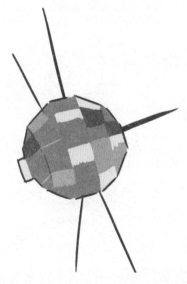

以假乱真的航天服。

我想米粒妈妈肯定能给我很多中肯的建议。果不其然，当她告诉我一件在太空中工作时穿着的舱外航天服重 120 千克以后，我觉得这计划基本就搁浅了。但另一方面，由于太空中的失重环境，这 120 千克并不会带来多大负担，这让我又找回丝丝希望。理想果真总是在跌宕起伏中前行啊！

除此之外，米粒同学热心地帮我罗列了舱外航天服上需要配备的东西。这可不是普通衣服多缝几个口袋的问题，航天服里面包含什么供氧管啦、压力表啦、照明设备啦、气液控制台啦……总之就是把一个小型航天器穿在身上了。哎哟！这衣服重 120 千克可真不是没有原因的。

镜子？没错，米粒给了我一面镜子，还特地让我别在手腕处。这是为了方便我随时整理发型吗？哦天哪！我想她理解错了。虽然我为航天服都是单调的白色而略感失落，但我也不是过分臭美的人。在执行航天任务时，我可没时间去顾及哪里蹭了灰。不过显然是我错了，这镜子是用来查看身上各处开关、机器之类是否正常工作的。用米粒妈妈的话说就是："航天服上绝不会有多余的东西的！"

至于让我遗憾的"航天服只有白色"的设计，也是为了防辐射。航天服的白色表面能够反射大部分热辐射，保护航天员不被灼伤，还能起到一定的保温作用，这对在太空严酷环境中工作的航天员再重要不过啦！

　　我跟高兴还有米粒把牛奶盒、水果盘固定在我爸的一件旧夹克上，再把这夹克涂成了白色（高兴嫌弃用笔画太慢，直接把一盆过期的面粉撒上去了），加上一个摩托车头盔，我就这样满是粉尘地开始感受太空行走。总的来说，如果不是因为头盔挡眼而不小心用屁股下了最后两级台阶，我这次的"太空行走"还是很成功的！

最后，向那些完成使命的航天服致敬！因为重量体积等问题，"神舟七号"航天员穿着的"飞天"舱外航天服在结束自己的任务后，就被留在了天上。而那双笨重的、类似拳击用的手套则被带回地球留作纪念。

最后的最后，我想我们其实可以学习一下俄罗斯朋友的解决方案：他们把传感器和无线电发射机等简单设备放入航天服，然后把它留在太空，这样旧航天服就变废为宝成了一个微型人造卫星。不过这个方法有点儿诡异，乍一看还以为是一个人漫无目的地飘在太空中……

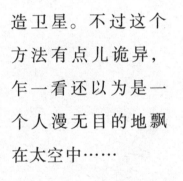

科学小贴士

　　航天服是保障航天员的生命和工作能力的个人密闭装备，可防护真空、高低温、太阳辐射和微流星等环境因素对人体的危害，同时具备压力调节、隔音隔热、防碰撞减震、紧急供氧等功能，是航天员必须具备的航天物品。

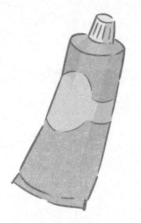

3月3日
星期六
关于牙膏、睡觉和作疤

我得向老爸老妈提出严肃抗议，阻止他们把我明天的早饭再次做成糊状。

谁喜欢一大早吃一团混着牛奶跟燕麦的牙膏状食物呢？

自从我开始熟悉太空生活，并把客厅里的睡袋升格为我的新床铺后，妈妈的态度就好难捉摸。说实话，我搞不清她是真的支持我，还是采用另一种手段逼迫我回到床上睡觉。她说，为了让我更加身临其境，她每天早上都会给我做一坨"太空早餐"。没错，就是那个"牙膏"。可我真不想接受她这份热情，再说，吃"牙膏"的那是早期的航天员，现在航天员在太空中能吃的食品多了去了，"牙膏"早被淘汰了。

要说我的睡袋生活真是充满了艰辛。

我每天早上都要忍受地球引力和坚
硬的地板给我带来的恼人的酸
疼感。

　　太空中的航天员们
就舒服多了，他们由于
感受不到重力，所以即
便站着睡也会很舒服。
当然，大多数航天员会先
爬进固定在舱壁上的睡袋
里。毕竟你不想睡着后飘
来飘去的吧！万一碰到什
么开关，把自己送到火星
上可就糟了。总之，因为失
重，他们倒立着睡也没问题。

　　高兴真是好兄弟，他送了我一个眼罩。不用说，这肯定也
是太空睡眠必需品。到了太空，载人飞船会每90分钟绕地球一
圈迎接一次太阳，如果不想每隔一段时间就被阳光唤醒，还是
老老实实戴上眼罩吧！可问题是，戴眼罩睡觉我真的很不适应，
头上有个东西箍着不舒服不说，眼睛受压力时间长了也很难受。
真不知道航天员们是怎么习惯的。

　　琥珀最近与我可算是同吃同睡——早餐实在咽不下时我会

偷偷分它一点儿，它睡觉就直接趴在我旁边。昨天晚上，我居然被它的呼噜声吵醒了。拜托！琥珀，在全家如此热情地陪我模拟航天环境时你也太不敬业了，航天员是绝对不能打呼噜的，身上也不能有伤疤。没错！琥珀，我记得你有次前腿被玻璃划破了吧？那你就无缘成为航天员喽！为什么？因为……怎么说呢，有伤疤的皮肤比较特殊，太空里失重环境那么恶劣，极端情况下会出血的，在太空中出血可不是闹着玩的。

　　还有——琥珀，我今晚要找个通风的地方，就不跟你一起睡了。我必须确保我呼出的二氧化碳能及时排到其他地方，不会堆积在我的脸周围，造成呼吸困难。要知道，在太空舱那么

狭小的睡眠空间里，这种事情可是很容易发生的。

虽然这几天腰酸背疼，但是睡眠质量并没下降。米粒曾万分担心地叮嘱我上太空时记得带安眠药。据说美国 50% 的航天员要依靠安眠药入眠，航天药箱中最受欢迎的也是安眠药。我表示十分理解，如果我在太空中大概也会激动得睡不着吧！虽然距离我踏上太空之旅少说还有十几年，但还是庆幸得到了米粒的建议：我可不想到时候顶着黑眼圈把研究任务搞得乱七八糟。

科学小贴士

打呼噜会影响他人的睡眠，口吃可能会造成沟通障碍，还有在失重条件或极端情况下伤疤有可能会出血，所以挑选航天员时有"不打呼噜，不口吃，无伤疤"的要求。

3月4日 星期日
高兴，请收下我深深的歉意

高兴，对不起！

今天把你爷爷家厕所搞得水漫金山的人是我，我发誓绝不是故意的。起先，我只是想在不伤害米粒感情的前提下，把她做的生煎处理掉，谁知道那玩意儿能硬到把厕所堵住啊（不过这也证明我选择不吃是对的）……当然，如果你已经把这事忘了也没必要非记起来（虽然从时间上来看，你忘记这件事的可能性很小）。我只想说，因为这事我感到非常抱歉，对不起！

好啦，不管高兴能不能看到这篇日记，我可是向他道过歉了。妈妈曾经说过，如果你对一个人心存愧疚，那么最好的方式是向他道歉。可是妈妈并没有说该用哪种方式道歉……好吧，没错，我承认，像缩头乌龟一样在日记里道歉并不是个好方法，但到目前为止，我还没有足够的勇气向高兴当面说明，因为这次事件导致的后果实在太惨不忍睹了。

要说起后果，很可能会拉低我们整个"科学小超人"的形象水准。除了已经无法靠近的现场外，剩下的时间我们还必须去高兴爷爷的菜地里解决内急问题。但高兴啊，比起航天员们在太空厕所故障时所面临的情况，我们还是很值得庆幸的！

1984 年，倒霉的"发现号"航天飞机正在太空上飞行，意外就这么发生了——由于机械故障，航天飞机外形成了一个巨大的冰柱，这冰柱的主要成分是航天员们的尿液。没办法，他

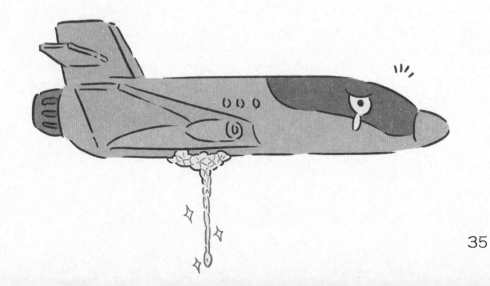

们只好用飞船的机械臂将"尿柱"击碎，又关闭了尿液收集器。接下来的6天时间只有唯一一名女航天员被允许继续使用厕所，男航天员想要"方便"，只能靠排泄物收集袋了。没点儿忍耐力，还真坚持不下来！

除了忍耐力超强，航天员的应变能力更是不得了。2008年，国际空间站的马桶罢工，只好给已经准备发射的"发现号"增加一项新任务——给航天员送去新马桶，而且还特别成立了一个专门的任务小组来评估这趟送货的重量问题。这可不是送报纸临时多拉几捆的问题，为了保证安全，航天飞机上增加的任何一点儿重量都要经过反复计算。而且在货到之前，国际空间

站的航天员们只好用临时的排泄物收集袋解决问题了。

这东西用起来可要打起一万分的精神，想象一下，一个不小心就能让袋子里的排泄物失控飘出来……所以，我们碰到的情况还是很乐观的！至少，我们还有高兴爷爷的菜地呀！

美国曾砸下1900万美元买了一套俄罗斯的太空厕所系统。在我看来，这天价厕所只比高兴爷爷家的菜地多了一项功能——可以将航天员的小便转化成饮用水。好吧，这总比之前把小便直接排放到太空的处理方式好太多了。乱撒小便只有一个"好处"，就是形成了一些宏伟的天文奇观以供不明真相的地球人或明真相的航天员观赏。曾经有航天员说过："太空轨道上最美丽的景象……是日落时的尿液。"

科学小贴士

2009年秋天，某些"太空奇景"终于露出了真面目。天文学家说，那只不过是航天员排放到太空的小便而已。它们在太空冻成微小的冰晶，然后被阳光晒成蒸气。

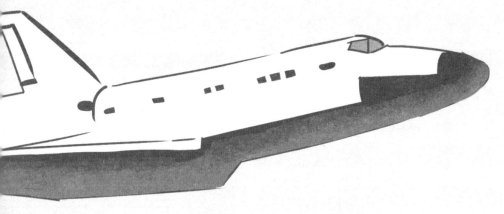

3月5日 星期一
最高的厕所

啧啧，看这照片——皑皑白雪中，高兴紧紧扒着厕所门吓得脸色惨白。不过我没打算取笑他，如果我在西伯利亚悬崖上如厕，我也不会轻松到哪儿去。

我猜这个厕所应该是世界上最高的厕所了吧。显然我太孤陋寡闻了，高兴那见多识广的老爸告诉我们，他所知道的最高厕所是珠峰大本营的厕所，没错，珠峰就是珠穆朗玛峰，那厕所海拔足足5200米，这么牛

的厕所虽然
简陋，却不臭，
而且没苍蝇。也是啦！
那么高，苍蝇应该对登
山没兴趣。

　　不过，要我说，
最高的厕所应该属空
间站里的那个，就是我
未来将要挑战的那个。

　　没错，我现在还
在坚持着我的太空计
划。而且，我还抽空将自家的马
桶也改造了一番，使它更接近空间
站里的马桶。简单来讲就是在马桶边的
地面上用强力胶粘上了一双拖鞋，还在马
桶后的墙面上粘上一对塑料把手。这样，当我假装在微重力环
境中上厕所时，我就可以把脚塞进拖鞋里，手紧紧拉住把手，
这样就不会飘浮起来啦。哦，还有一个要点，一定要把屁股紧
贴在马桶上，我可是按照太空出恭程序来的，一点儿都不嫌麻烦。
毕竟在失重环境下，我可不想事情还没解决完就飘起来！

　　不过，也不是所有航天员都要操心上厕所的问题。比如，

39

杨利伟叔叔坐着"神舟五号"上天时，由于旅程不到一天，就给他配备了简装版太空厕所——成人纸尿裤。但在此之前，也有个叫艾伦·谢泼德的倒霉蛋被迫尿在了航天服里，而且我们"科学小超人"反复查阅资料，并没发现他航天服里有纸尿裤的明确记录……简单来讲，这算是真正意义上的尿裤子。但不得不说这位进入太空的第一位美国人（同时也是世界第二位进入太空的人）在这件事情上真的很无辜。他的整个太空旅程不过 15 分钟（我想这也是为啥不给他配厕所的原因），但因为天气等原因，发射时间推迟了 4 小时。他忍无可忍，被迫完成了这一"壮举"，所幸他还是安全地回来了。

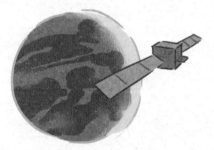

以现在太空技术的发展来看，我到时候应该不用穿纸尿裤了。另外，我还在构思一个我暂且命名为"局部

重力"的研究计划，大致内容是，在太空中小范围地模拟地球环境，比如还原重力。我有这个构想是因为在太空上厕所实在太麻烦了，如果能进入一个模拟地球环境的小房间就好了。因为有重力，如厕时就不用提心吊胆怕便便飘起来啦，这对我而言真是最美好不过的事情。当然啦，这个小房间还可以用来做科学实验，或是让那些对太空环境不适应的航天员或太空游客做缓冲疗养使用。

　　想想就好激动！明天我就告诉米粒和高兴！

科学小贴士

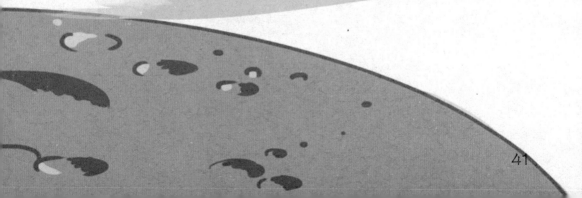

　　世界上最惊险的厕所位于西伯利亚某个偏远地区，建在海拔2600米的悬崖边上，主要是给在那儿工作的气象工作人员使用的。

3月6日 星期二
特别的午睡垫

如果每天要总结一个生活方面的小经验，那今天的经验就是：永远不要趴在你不了解的东西上睡觉。

我很想知道，如果米粒知道那沓纸是大象粪做的，她还会不会把脸贴在上面睡得那么酣畅。我试图拉她起来的时候，她反倒迷糊着嘲笑了我一番："哎哟……小气鬼，就借你这沓纸眯一会儿都不行吗？"好吧！小气鬼只好成全她，反正那沓纸也是要送给她的。

今早爸爸朋友到的时候，我已经叠好睡袋并享用早餐了。这位刚从斯里兰卡回来的王叔叔因为转机的关系，要在我们家

待上 9 个小时。喜欢猎奇的老爸也早
把手边的事处理好，好听这
位挚友聊聊这次旅行。

　　我作为上学族当然没
时间跟他们耗，所以当王
叔叔边解释边把那沓大象粪
便纸递给我的时候，我只好匆匆谢
过塞进书包就跑了。但事实上我很想感谢
他：我想我今天会因为这沓纸而大出风头。

　　不过事情倒没像我想象中那么发展，为了让我的好朋友有
个踏实自在的小憩，我选择了暂时沉默。趁米粒打盹儿的空当，
我跟高兴好好赞美了一番斯里兰卡的人民，拿大象粪做纸，如
此精明能干，在环保上的成就甩了我们"科学小超人"几十条街。

　　其实，我老早就想在粪便处理上做做文章，但思来想去，
除了像高兴爷爷那样建个沼气池也没有什么别的办法。

　　要是在太空，我还能拿循环过滤装置把小便滤成水，至于
大便……如果拿它来做纸是当然不可能啦！不过拿它来遮遮阳，
啊不是，是挡挡辐射还是很有用的。

　　不过一般情况下，在太空中大便的产量还是以少为好。第一，
时间宝贵，谁都不想过多地耗在如厕上。第二，一不小心把厕
所堵了，就会成为众矢之的。据说，国际空间站里就发生过这

种事。说来搞笑,俄罗斯航天员可能是伙食太好,粪便过硬——真怀疑是不是跟米粒做的生煎一个程度,结果串门的时候把美国舱段的厕所给堵了。此后,美国不仅拒绝俄罗斯的客人来上厕所,而且还不准他们借用健身车了。啧啧,真是好小气!

当年,阿波罗登月计划本着"大事化小,小事化了"的宇宙观,让航天员出发之前就吃上了低残渣食物,还顺便服了点儿通便药,在去太空之前就把大便排干净,最大程度减少"蹲坑"的次数。外加他们随身穿着的大便收集袋,阿波罗计划的航天员们确实有效地掌控了这一方面的主动权。

总之,在太空中处理便便的方法还是很多的,我已经努力深入地了解,以备日后之需。对了!到时候我一定要记得冷冻一部分自己的粪便带回地球,以供科学家研究。听起来这便便

的待遇是不是比丢在太空的航天服好多了？
同样幸运的还有米粒，她这会儿应该能看到
我夹在"午睡垫"当中的字条了。字条的内容
是："亲爱的米粒，这是我送给你的礼物。很
高兴你喜欢它并且垫着它睡了一次
午觉。哦对了，它很环保，主要
原料是大象的粪便。"

科学小贴士

太空中使用的马桶跟地面上使用的完全不一样。由于太空是微重力环境，水不会往下流，因此在太空中不能使用抽水马桶，而是用抽气马桶。使用这种马桶可是个技术活儿，航天员们必须经过专门训练才能顺利如厕。如果"如厕技术"不够熟练，轻则给自己带来不便，重则造成排泄物"天女散花"，影响舱内的卫生和安全，那后果可就严重了。

3月7日 星期三
"米粒牌" 太空食品

下雨了，一整天都阴阴的。

体育课被迫改在室内，我们仁也只好在窗户边数水花。直到米粒提议放学后去她家自食其力，做点儿创意小食。

这对我来说，绝对是个搭配雨天的大霹雳！我在领教过她生煎的威力后，近半年内都会离她的烹饪作品远远的。可是我再怎么委婉地推托，米粒跟高兴还是满腔热情地把这事定下了。我在米粒家的沙发上坐立不安地想着待会儿开溜的借口。我知道这非常不厚道，可我觉得，作为她的朋友，在她最需要鼓励的时候当面打击她更不厚道。

可我该如何面对她端上来的这盘黑乎乎的牛肉丸呢？米粒解

释说，她这可是按照太空饮食的
标准做出的饭菜。每颗小小的
牛肉丸都能一下子就塞进
嘴里，黑乎乎的是因为她尽
量把水分烤干，这样，在太空
环境下，空间站里就不会有调皮的汤汁飘
来飘去。

　　好吧，我知道太空食品一般都做得很小，俗称"一口吃"
食品。但我记得航天食谱上的牛肉丸有清炖的啊！所以我断定，
这肯定是米粒同学烤煳牛肉丸的借口。高兴倒不在意，他将黑
黑的外皮去掉，津津有味地吃起来。剥完了皮的干牛肉丸倒挺

像太空中颇受欢迎的糖衣巧克力，也许我们可以用"米粒牌"牛肉丸代替巧克力，在国际空间站玩个"吃豆人"的游戏。不过在此之前，我得先确认这牛肉丸真的可以下咽。

但这"雨天霹雳"式的创意小食活动并没结束，在高兴的鼓励下，米粒接连创作出"米粒式"的太空食品：小块八宝饭，干如硬纸的陈皮牛肉，以及无法恭维的墨鱼丸……我全程都在高度紧张中度过，生怕接下来的作品超出我的理解范围。果然，她用一盘辣到足以让口腔着火的豉椒四季豆作为"最后一曲"，结束了这次灾难性的活动。

望着雨过天晴的彩虹，我悄悄地许了个愿：我去太空时，千万别是米粒当太空厨师，如果她不幸成了负责我们食物的人，我只能祈祷我的味觉因太空环境而彻底失灵。

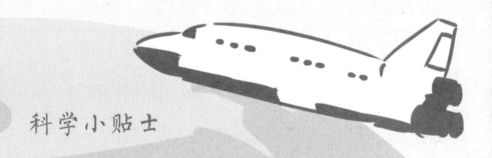

科学小贴士

就大多数经验来看，在空间站中生活的航天员对味道的感应确实比地球上迟钝了许多，因此他们需要很多味道浓重的食物来刺激食欲，比如辛辣的豉椒四季豆。有些人认为，味觉失灵由低压引起，或是失重环境下头部血液增多所致，或是心理上受到了一些影响而造成的。不过这些都只是推测。

3月8日 星期四
是疯子，还是天才？

我得说，米粒妈妈做的咖喱饭真是天底下最美味的咖喱饭！

当然，如果你不服，欢迎来挑战。另外，我真的很怀疑米粒糟糕的烹饪能力是不幸的基因突变造成的。或者是，她完完全全遗传了她爸爸——

另一个"黑暗料理之神"的基因。

总之，我觉得每月去米粒家吃一次她妈妈做的咖喱饭是非常幸福的事。如果还能听她妈妈讲些空间站的八卦，那就更值得我冒险了——冒着米粒随时即兴发挥做出"黑暗料理"的危险。既然是冒险，那肯定有可能踩到地雷。于是，今天我们又"幸运"地品尝到了米粒开发的新品——"米粒牌"辣白菜。

唉，如果不是上次米粒妈妈偶然提到，为了将辣白菜送入太空，韩国政府斥资数百万美元，勾起了米粒同学的挑战欲，我们就不用为这"地雷"让味蕾辛苦一番了……事实是，确实很"辛苦"，吃完那顿辣白菜，我想我能以假乱真扮演一只恶龙——嘴巴可以喷火的那种。

所以我想我明白"粉笔冰激凌"在太空中大受欢迎的原因了——嘴巴都快喷火了，得赶紧降温啊！不过这冰激凌并不是凉的，材质摸起来像粉笔一样，但你把它含在嘴里的时候确实能感受到跟冰激凌一样的味道。说到这儿，我的味蕾和口腔还真想感受一下"不凉的冰激凌"究

竟是什么样！

除此之外，现在太空上能选的食物都可以开个正儿八经的饭馆了，而且各国口味一应俱全。不过，即便是在 20 世纪 80 年代初，苏联航天员的菜谱上就已经有多达 260 种食物和饮料了。而且这些食物如果做广告，完全有底气拍着胸脯说："无毒无污染，有害成分零添加。"可见苏联的航天部门对太空食品的多样化和安全性有多么重视！

中国航天员在太空上都吃什么呀？中国航天员的太空食品可丰盛啦！有虾仁炒蛋、松仁玉米、黑椒牛柳、木须肉、鱼香肉丝、什锦炒饭、辣酱、冰激凌、月饼、酸奶、水果……可以根据航天员个人的胃口变着花样吃、调着口味吃。还有呢，过端午节能吃到粽子，过生日能吃到蛋糕，过新年还能吃到年夜饭呢！

我想我近期是品尝不到美味又绝对安全的"太空佳肴"了，相反，我还要跟诡异又危险的"黑暗料理"斗智斗勇。米粒啊，也许是时候告诉你我的真实感受了，如果你在听完我的想法后还打算继续前进，我会支持你的。都说疯子与天才只有一线之隔，而我相信，我的好朋友一定是后者。

科学小贴士

因为宇宙飞船对重量体积的限制，太空食品必须在比较小的体积内提供较大的能量。所以太空食品都是发热量高、进食量少、营养非常丰富的。比如有重量轻、残渣少、体积小的罐头式软硬食品；有各种饮料、茶、汤料；有炒熟的肉、蔬菜、米饭、面条等热稳定食品；还有点心、月饼等自然型食品。

3月9日
星期五
8元一瓶的奢侈品

现在是凌晨3点15分,没错,凌晨3点15分。我既然能在这个时间打开日记本写东西,那只有一个原因:我被琥珀的呼噜声吵醒啦!

以上是我在今天凌晨记录的两句话,写完我就拖着睡袋远离了琥珀。这么一折腾,直接导致我上课期间目光游离起来……这对我来说是绝对不能允许的!我可不希望因为琥珀的几个呼噜导致我浪费时间坐在教室里却一无所获!所以,敬爱的孙老师,感谢您为我泡的绿茶,这可真是帮了我大

忙，至少，我在下课铃响的时候精神了！

　　所以，我能明白为什么"神舟五号"的航天员要带着绿茶上太空了。说实话，这种天然的提神剂确实让航天员精神不少。除了茶，还有咖啡，保证让人精神一整天。在这里不得不赞颂一下吃货精神：美国的一位航天员实在太喜欢喝咖啡了，同时他也很懒，觉得太空中喝咖啡的传统方式实在是太麻烦了，于是他秉承着坚韧不拔的吃货精神，以"一时钻研，一世方便"为动力，发明了全新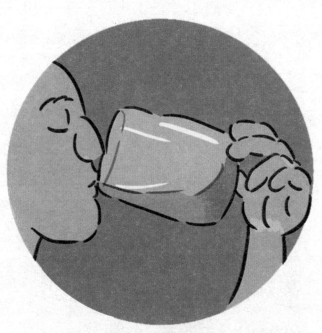的太空喝咖啡方法——将一片塑料纸折成横截面呈水滴形状的容器。这样，在微重力的情况下，可以将咖啡装到容器中，依靠杯子内壁的表面张力让咖啡乖乖地待在杯子里。

　　当航天员从比较窄的那头吮吸咖啡时，咖啡就可以顺着窄的那头爬上来，直到被航天员喝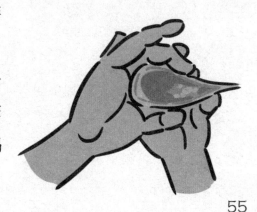

进肚子里。太空咖啡杯的原理跟油灯中的油能沿着灯芯上升一样，在物理上称为"毛细现象"。之前那些拿着吸管喝热咖啡烫到舌头的航天员们听到这消息应该会手舞足蹈吧，谁都希望舌头少受点儿伤害不是吗？

既然咖啡的问题已经完美解决了，那就来想想啤酒吧。要说这8块钱一瓶的成人饮料在太空中可是个不折不扣的奢侈品——几年前，美国国家航空航天局把一个长得有点儿像打气筒的微型酿酒装置带进太空，然后，这装置不负众望地酿出了啤酒！至于酿出多少……好吧，只有几滴。而且，不知道什么原因，味道还挺难喝的。除此之外，由于啤酒含有气体，非常不适合在太空饮用。因为没重力，啤酒总是停留在嗓子眼儿，这就意味着，他们喝完啤酒，可能会组团疯狂打嗝。据说太空菜单中没有

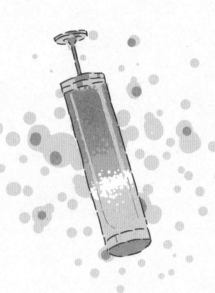

充气饮料跟这也有关系。

好吧，看来我老爸不做航天员还是很幸运的，要知道他每次看足球赛都要开上一瓶。要是因为在太空中错过了球赛再加上连啤酒也不能喝，他可是要抓狂的。

科学小贴士

要是将来太空中能畅饮啤酒了，航天员们边喝边工作算不算酒驾？要知道从某种意义上来讲，他们也是开着一种高端交通工具的人啊！听说俄罗斯"和平号"空间站的航天员就曾经喝过，不过，小酌怡情，谁也不许把自己喝醉了。

3月16日 星期五
一次被迫的太空洗澡体验

我已经想好今年的生日愿望了。吹灭蜡烛的时候，我会诚心诚意地祈祷上天赐予我预知未来的能力，这样，我就能在今天中午的时候知道下午即将发生的灾难，然后找个借口及时躲避。

要说星期五最开心的就是下午提早放学了！每当这个时候我们"科学小超人"总会列上几件好玩儿的计划然后一起去实施。鉴于米粒同学最近对烹饪的狂热态度，我与高兴决定开始我们的"范大厨养成计划"。先从面点开始，我们相信以米粒的毅力加上我们的培养（确切地说是网络食谱的培养），米粒肯定能尽快摆脱"黑暗料理之神"的称号。

可是——哐当——面盆打翻了，面粉扑

面而来，我成了"雪人"。高兴和米粒不知为什么竟然逃脱了面盆的攻击。米粒忍着笑安抚我："没事！洗洗就好了。"高兴出于同情，主动去卫生间开热水器，想帮我烧洗澡水。不到半分钟，他从卫生间出来，表情非常复杂。"童童，"高兴犹豫了一会儿才开口，"告诉你一个坏消息——停水了！"

好吧！既然如此，浑身面粉的我倒是有了一个出风头的机会——给他们示范洗太空澡。

首先，我需要像使用太空厕所一样，把脚固定在一双粘在

地上的拖鞋里，这当然是为了防止我顺着水喷过来的方向变成一个不停旋转的涡轮。然后呢，还要戴上呼吸罩和护目镜，摆出一个比较帅的姿势，当然是在方便擦拭身体的同时比较帅的姿势。

接着呢，米粒端过来那盆原本打算用来和面的水，对我施展"弹指神功"，就是用手指把水弹到我的身上，这是最像花洒的出水方式了，而且水量大小不至于把我弄感冒。

高兴也没闲着，在我的指挥下，他在我的脚下打开吸尘器，这吸力太劲爆了！这其实是模仿太空洗澡用的抽吸泵，它巨大的功率几乎能把除了航天员以外的所有东西抽走，当然重点是抽走飘浮的水和附着在浴帘上的水。这可马虎不得，万一漏抽了，水飘到机器里，可能会造成系统故障；要是飘到鼻子里，最坏的情况可是会呛死人的。

说实话，洗澡的结果，比不洗还糟糕！米粒的"弹指神功"弄得面粉跟我的头发更加难分难舍了。高兴的"吸星大法"不只吸走了水滴，吸走了我头上的面疙瘩，还差点儿夺去我的裤衩。要不是我及时地关掉电源，我今天这风头可就出大了。

科学小贴士

20世纪70年代，美国空间站"天空实验室"专门配备了类似"浴桶"的洗浴空间，相当奢侈。而现在，正在太空执行任务的航天员都是用毛巾蘸着水和浴液"擦澡"，最大程度地简化了清洁自身的程序。

3月17日 星期六
休息时间如何消遣

这真是个美好的周末!

具体一点儿说,在享用过新鲜豆浆以及刚出锅的油条,并与琥珀溜达到清晨的广场玩飞盘之前,这周末的一切都是美好的。

我的日记常常用来说些难以启齿的倒霉事,所以当琥珀为了咬飞盘而跑进那些大早上跳健美操的大妈们中间,并成功地把她们搅得前仰后合时,我就知道今天日记有的写了。

我只好灵机一动，佯装自己是旁边太极拳队伍的一员，跟在他们后面专心地照葫芦画瓢。这在琥珀一直往我身上拱之前都是很有效的，至少跳舞的大妈都没怀疑我是扔飞盘的那个人。

　　这件事带给我的唯一感想是——太极拳太有趣了！我想我会抽时间好好研究一下，它的韵律和招式都十分符合我的胃口！而且通过这事，我确信自己适合做航天员——我在这方面的品位与航天员十分相符，"神舟十号"的航天员们吃过午饭后也在太空舱里打起了太极。因为失重，他们甚至倒立着打。好吧，这我可做不了。不过，不久的将来我也许会试试。

长期出差在外的太空站工作人员也不可能只靠太极拳来消遣，毕竟如此高端的工作，肯定会有更高端的消遣方式。相对而言，咱们神舟系列航天飞船里的娱乐活动就比较简单了，除了打太极，航天员可以跟家人通通电话，或是玩玩那款名为"航天员电子手册"的掌上电脑，里面有他们喜欢的电影，还有家人的照片。实在郁闷的话，地面控制中心还有心理教员为他们排忧解难。国际空间站的消遣设备就比较大型了，跑步机可以说是生活必需品。没办法啊，航天员在空间站一待就是好长一段时间，为了防止肌肉萎缩，他们每天都要在跑步机上挥汗如雨一会儿。哦对了，我想起来咱们"神九"航天员也有个防止肌肉萎缩的大型运动设备，叫什么来着……啊，企鹅服！这古怪的衣服里面有很多弹性的带子，有点儿像拉力器，穿上它运动那么一两个小时，就能起到锻炼作用啦！当然，它也会让你挥汗如雨的。

　　在这里要佩服一下航天员顽强的自娱自乐精神。比如一位日本航天员甚至在太空玩起了"个人棒球"，具体做法是，

先将球击出，然后迅
速移动到另一边接
住球反击……琥
珀，你知道你多
幸运吗？至少
还有我陪你玩
飞盘。

好吧，我决定
继续钻研太极拳。虽然我也不太确定，等我登上太空，景色目
不暇接的时候，还能不能腾出时间做"观景"之外的消遣活动。

科学小贴士

　　由于太空中的一切，包括生物有机体在内，都
处于失重状态，航天员的肌肉负荷不像在地面上那
么大，久而久之很容易产生肌肉萎缩。所以防止或
减缓肌肉萎缩在航天工作中尤为重要，为此，航天
员每天需要做些额外的运动来保证自己的健康。

3月18日
星期日
谁说不能倒着走

今天我又干了件蠢事。好吧，这也不是第一次了，只要我表现得足够自信，一切都会一如既往地正常。

事情可以简单概括为，高兴吃了一个苹果，这苹果恰好是米粒同学的"本月吉祥物"，至于我——就是那个撺掇高兴吃苹果的家伙。

说出来我都不相信，米粒会因为一个苹果跟我大动干戈。她控诉说，我在知道这个苹果对她有何种意义的情况下鼓动高兴品尝，这是非常不理智的行为，甚至可以说是对友谊不忠诚。老实说，我刚开始还觉得有点儿愧

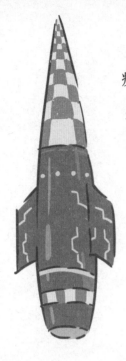

疚，毕竟，我做这件事的最初动机是想看看宝贝苹果被吃掉时米粒会不会暴跳如雷。没想到，看到她真的生气了，我又是如此难过。可是，我已经说过对不起了，米粒就别再计较我有没有认真反思过错了吧！

"说了对不起了，你的苹果也已经被吃掉了，事情不能倒退，你还要怎么样？""事情都能倒退！这已经发生过不止一次了！童晓童你什么时候才能理解友谊？每次你都会做些故意让我生气的事情来彰显你的重要性，同类的事情再次发生，你还会做出跟以前一样的决定！可是你知不知道友谊是需要呵护的？希望下次你能做出一个设身处地为我考虑的决定！这世界上太阳都能倒着走，就看你有没有这心思了！"

我没想到后果会这么严重，我也没想通过惹是生非来确认自己的重要性——因为我对他们已经很重要了不是吗？由于不想低声下气告诉她我在反思在忏悔，就表现出"我已经

道歉了，你不接受不关我事"的样子，可天知道我有多后悔。我觉得我就像木星——木星硕大强健的外表下其实是极轻的氢和氦。难以相信这庞大的家伙是气体行星，就像谁也不想理解我的嚣张跋扈只是因为相信"不论我做什么他们都不会离开我"。

剩下的时间，我把自己裹在睡袋里认真反省着。我觉得在某些方面，木星真是我的同道中人，它有好多卫星伙伴围绕在身边，算是太阳系朋友圈很大的星体——我也是，我有一票好

伙伴。木星上的天气多变，其变化之快真的可以说是"翻脸如同翻书"。好吧！我承认，有时我的情绪波动之大我自己也很难想象，于是就会做出连自己也不能理解的行为，比如今天的"苹果事件"。这话题扯得有点儿远，总之，对于今天的事我很后悔。

我觉得我该鼓起勇气，把真实想法告诉我亲密的朋友们。妈妈说，人与人之间最坚固的桥梁来自沟通。虽然还不太理解她这句话，但我会慢慢弄清楚并开始尝试。

后来我才知道，那苹果是米粒奶奶家去年收获的最后一批苹果中的最后一个，米粒打算在下星期数学测验后吃掉它，而我让这件事情提前了整整一星期。

再后来，我终于明白了，由于金星自转方向与其他行星相反，是自东向西，因此从金星上看太阳是"西方升起东方落下"。就像米粒说的，连太阳都能倒着走，还有什么事不能重新来过呢？我会和他们好好谈谈的。

科学小贴士

除了地球，在太阳系里我们所知的表面有着稳定液态物质的天体就只有土星的卫星泰坦星了。在那儿，甲烷和乙烷像下雨一样从天而降，形成了泰坦星上的海洋和湖泊。虽然我希望米粒能马上消气，原谅我的错误，但我不会傻到去借泰坦的海水来熄灭米粒的怒火。

3月19日 星期一 打捞太空垃圾

过去的两个多月，"科学小超人"三人组可是干了不少让爸爸妈妈闹心的事儿。比如，把餐具"咔嚓咔嚓"吃掉啦，把废纸盒堆得满眼都是啦，穿着拖把味道的衣服到处晃悠啦，还有好多就不一一记录在案了。爸爸妈妈们不知道的是，其实我们的餐具是饼干做的，拖把味道的外衣能够净化空气，而废纸盒嘛，是留着以后给没有生命的玩偶做一个有温度的家。

其实，我们还有一个不能说的秘密，说出来怕吓坏爸爸妈妈。我们还打算好好收拾一群住在遥远国度的家伙，它们已经远到大气层之外了，这就是"太空垃圾"。

我保证，我们"科学小超人"从生下来，谁也没有扔过太空垃圾——那得要多威猛的臂力啊！虽然我们不知道具体是谁扔了这些垃圾，但它们个头儿一般都不小，比如失

效的人造卫星，火箭和航天器的残骸与碎片、航天器表面老化掉落的油漆块……鉴于它们不是饼干做的，我们不打算吃掉它们。留着给玩偶做个家也不太合适，它们大多有一股金属味儿。拿吸尘器吸掉它们呢？老妈的吸尘器功率太小，奈何不了啊！嘿，有啦！不如从高兴爷爷的渔网吸取灵感，做一个超级大"渔网"，像捞鱼一样把太空垃圾全捞回来！

高兴的老爸很支持这个计划，但他也带来了一个不好不坏的情报——有科学家正在研制一种叫"电磁网"的东西来吸走部分太空垃圾。这简直就是我们计划的翻版！我的天，我们的想法与科学家不谋而合啦！但遗憾的是，已经有人先想到了……没关系，好主意不怕晚，我们或许可以改造改造，制造出升级版，吸走所有的太空垃圾。用"渔网"打捞太空垃圾这事儿，肯定要算上琥珀一份。要是有一天我设计出来终极版太空"渔网"，我一定把拖着这个"渔网"的太空飞船命名为"琥珀队长号"！做浩渺宇宙的清洁工，

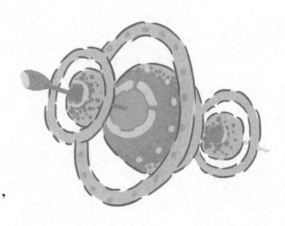

这活儿真酷！可惜，
我的"琥珀队长号"做
不了孤胆英雄，因为到时候很可能
在太空遇到"扫除者号"宇宙飞船和"太
空牧羊犬"这些老前辈——虽然它们目前还
在研发阶段。"扫除者号"是一位出身俄罗斯的"全
职清洁工"，而"太空牧羊犬"则是一个利用太阳能产生动力
来处理垃圾的清洁小达人。要我说，我们组成一个"清洁工联盟"
倒是一个不错的主意！

　　这个"清洁工联盟"能做的，可不只是打扫卫生这么简单，
我们还将保护地球人的生命财产安全。因为那些清理不及时的

太空垃圾在太空中转悠够了，本着"落叶归根"的心态被地球的引力拉回地球，往往就成了十分危险的"太空暗器"，稍不注意就砸坏民居，甚至危及人类生命。比较著名的有落在美国科罗拉多州的俄罗斯火箭燃料箱，"轻抚过"一位妇女肩膀的美国火箭组件，坠落加拿大且放射性污染达到数千平方千米的苏联核动力卫星等。

所以，还是趁早清理这群特殊群体吧！

科学小贴士

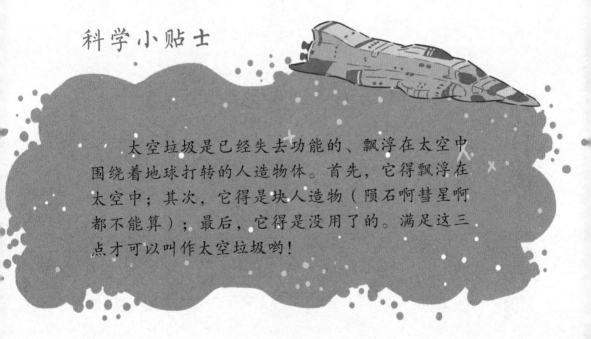

太空垃圾是已经失去功能的、飘浮在太空中围绕着地球打转的人造物体。首先，它得飘浮在太空中；其次，它得是块人造物（陨石啊彗星啊都不能算）；最后，它得是没用了的。满足这三点才可以叫作太空垃圾哟！

4月2日
星期一
就这么一直美好下去

我曾经干过一件事，这只是我干过的无数件蠢事中的一件，它的特殊性在于——可能要了我的命。

这事便是，我曾为生命中必须度过 2069 年到 2113 年而感到十分焦虑。为什么我的生命没避开这个区间？如果我在 1990 年左右出生，到 2069 年时便是一位老人，已经历过生命中所有美好；如果我在 2113 年后出生，那我就可以无忧无虑地去体验一遍生命中的美好。

都是这个叫 2000SG344 的无聊家伙，没事在太空中玩"碰碰车"，它会在 2071 年以 1/1100 的概率"碰"到地球上来，而且在 2069 年 到 2113 年

之间累计和地球"碰碰"的概率高达 1/380！这个名字像电话号码一样的家伙刚被发现就备受瞩目。先解释一下，这家伙是颗小行星。另外，它受瞩目的原因并不是因为绚烂夺目或是明亮优雅。这么说吧，它有点儿像地球的拳击对手，弄不好整个地球都会被它海扁一顿。我身为地球人，当然得关注一下它，好提前了解对手的弱点，在上擂台前就把它 K.O（拳击赛时把对手打晕就说 K.O）。至于万一不幸在擂台上与它相遇，我们地球的后果很可能是……呃，想想那颗落在广岛的原子弹，"电话号码"的威力大约是它的百倍吧！

而且，它与地球相遇的概率不是"万一不幸"中的"万分之一"——如果是"万一"的概率我可就要喜极而泣了——而是 1/380！

当初高兴听了这概率还长舒一口气："啊，这可能性太小了！"拜托！不小！一点儿都不小！想象一下，如果有一千个这样的"电话号码"，就会有大于 90% 的概率其中一个将我们地球海扁成经历过百把颗原子弹轰炸后的模样，而这个罪魁祸首的直

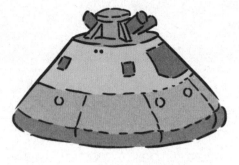

径却只有 40 米左右，一个面积还没公共澡堂大的家伙可能会毁了我们的地球我们的家。啦……想想就害怕。

而我的焦虑之所以被我称为"蠢事"是因为：以咱们地球同胞的聪明才智，极有可能避免"被小行星K.O"的发生，即使它的概率为千分之一。至少，美国科学家已经计划乘着拉风的"猎户座"飞船，飞那么 3 个月登陆到"电话号码"上，对它进行那么一两个星期的研究，并且找到让它不再威胁地球的方法，然后再飞 3 个月回来——航天员的半年就这么过去了。

我对此事的焦虑惊动了很多人，米粒妈妈这位职业观星者

对我说了这样一番话："宇宙里发生的事情总是波澜壮阔的，即便是一些微小的变化都有可能改变地球的现状。但是这并不代表我们地球是不安全的，相反，我们了解这些变化，就能采取最快速的对策来化险为夷。除了这些令人不安的潜在危险，宇宙也有其他伟大的奇迹值得关注。"

我觉得没错，我必须换个角度，与其等着上场被对手 K.O，不如场下多加练习，知晓对手的优缺点，到时候那象征胜利的金腰带会戴在谁身上还说不定呢！

总而言之，没什么大不了！

科学小贴士

第二次世界大战中，美国对日本广岛使用了人类历史上第一颗原子弹。其威力相当于 1.5 万吨 TNT 烈性炸药。当场造成 7 万多人死亡，后来因为烧伤、核辐射，以及它们所引发的相关疾病，陆续致使十几万人死亡。据报道，截止到 2019 年，因该原子弹致死的人数，一共超过 30 万。具有如此破坏力的原子弹却拥有一个天真烂漫的名字——小男孩。想想这个，再想想"电话号码"，我的焦虑貌似也没那么可笑了吧？

4月12日
星期四
水星小姐

老实说，我最近在留意一个女生。

她身材矮小，爱穿碎花的衣服。她是高兴的邻居，但住得并不近——我是说相对于高兴的其他邻居，她算住得比较远的。而且，在与我们的交往上，她也比较远——我们从没跟她说过话。

我猜她至少有60岁了。如果早晨去高兴家，一定会在路上碰到正挎着篮子的她——我猜她是去超市抢购新鲜蔬菜。要是傍晚从高兴家出来，也一定会碰到她遛狗，偶尔还挡在爱犬与路路中间拉架——路路是经常出没在高兴家周围的一只黑色野猫，因为过马路的技术颇高，所以得此绰号。基本上，除了都认识路路，我们和她没有其他任何交集。

所以我们叫她"水星小姐"——叫她"小姐"是因为她的

举止总是尽量优雅，不论春夏秋冬，她的篮子上一定会有个蝴蝶结，蝴蝶结的花色一定搭配她当天的着装。至于"水星"——她真的像水星一样，只在清晨或黄昏这种特殊的时间点才能碰见。而且，每次见她，她的情绪都如水星的温差般波澜壮阔——早晨满脸阳光挎着篮子向我们微笑，傍晚就可能因为爱犬和路路的搏斗而把尖叫洒满整个街道。这就是我用"尽量优雅"来形容她的原因了。

她实在太神秘了，我觉得我们有必要认识一下她。

于是我在今早拿着刚采的野花和她打了个招呼："嗨！"她向我点头微笑，然后挎着篮子匆匆离去——呃，这显然不是我想要的结果！1973年有个叫"水手10号"的探测器从地球

出发，之后努力地接近了一下水星，但只拍到了水星不到一半的地表！她这略为冷淡的态度简直跟水星有一拼！最开始的交往就这样，确实很难继续跟她套近乎。

高兴爸爸说，"水星小姐"的丈夫早年是位船长，航线西至西非，如同逐日的夸父那样追随着太阳——这点倒与水星一致，它是太阳系中离太阳最近的那个。老看不到水星的原因也是太阳太过耀眼。最近两年这对老夫妻搬来这里，"水星小姐"的日常生活基本围绕着她的"太阳"进行，早上除了买菜、收报纸、拿牛奶，还要给丈夫穿衣做饭——因为疾病，"水星小姐"的丈夫在轮椅上已经坐了好多年了。

水星虽是太阳系八大行星里体积和质量都最小的一颗行星，却以极高的速度在太阳周围奔走，是太阳系的公转速度冠军。"水星小姐"也是如此，她每天围绕着她的"太阳"高速运转，好似一个"千手观音"搞定生活中所有大事小事。太阳虽然无法用行动表示对水星的爱，可它总是把最新鲜的阳光洒在水星上——"水星小姐"的"太阳"虽头发花白，坐在轮椅上，但依然帅极了！每次出来晒太阳，他两句话就会让"水星小姐"乐开花。

"如果我幸运点儿，还能看到来探望他们的儿女与子孙。"米粒说，"也许我们不应该去打扰她。等下次，下次如果她看起来适合打招呼，我们再做自我介绍吧。"

真希望长大以后，我也会有属于我的"水星小姐"。当然，我会努力温暖她的。

科学小贴士

水星虽然是太阳系里个头儿最小的大行星，但它公转的速度确是无星能及——围绕太阳转一圈只要88天！这样说吧，地球绕太阳转一圈要365天，火星要687天，木星约为11.86年，土星约为29.4年！怎么样，水星是不是很厉害呀？

5月14日
星期一
史上最牛
离家出走者

高兴今天离家出走了！啊哈哈……

我这种反应是不是该进非正常人类研究所了？好吧，这原本是件非常严肃的事情，高兴在用他的方式做出抗议。事情的起因是这样的：高兴的小豚鼠爱吃咖喱饭，高兴托爸爸从印度带些咖喱回来，爸爸忘了，这倒没什么。可高兴妈妈不知怎么搞的，把小豚鼠吃咖喱听成了咖喱小豚鼠。要不是高兴把它从洗菜盆里捞出来，它就变成一道菜了。让高兴难以接受的是，爸爸妈妈不但没有向小豚鼠道歉，反而笑个不停。于是，高兴抱着小豚鼠来向我和米粒倾诉它的不幸。

我和米粒立马对小豚鼠的遭遇表示同情，但我们都不看好高兴离家出走的决定——高兴竟然只拿了三样东西：指南针、巧克力豆，还有……一床他小时候盖的棉被。

82

好吧，看样子他打算开始长期的流浪生活了。指南针是旅行者的必备装备。带上巧克力豆我也理解，对高兴来说，补充热量是每天必需的。可这棉被……他是想拿这个现在只能盖到他膝盖而且充满年代感的家伙来保暖吗？这效果还不如多带几张报纸呢！

高兴却说，这床历史悠久的棉被已经成了他的个人名片。他真是太有创意了！这棉被上满是他小时候喜欢的图案及某些奇怪的呕吐物痕迹，高兴却觉得这样更能向陌生人展示他从出生到现在的最真实的状态……坦白讲，我觉得几句简单的自我介绍就可以搞定的事情没必要这么大费周章——像"旅行者1号"空间探测器那样，走哪儿都抱着介绍咱们人类的金属唱片，生怕遇见不了解咱们的太空邻居。可是对于高兴，我只是怀疑他走的时候实在太匆忙，拿错被子了。

拿"旅行者1号"的标准来衡量高兴那就大可不必了。要是高兴知道了这家伙的事迹，肯定会带着崇拜加入"旅行者粉丝俱乐部"吧！它应该是史上最牛离家出走纪录的创造者——从1977年9月5日离开地球至今，

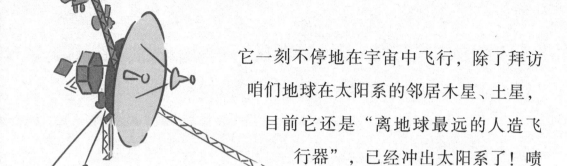

它一刻不停地在宇宙中飞行，除了拜访咱们地球在太阳系的邻居木星、土星，目前它还是"离地球最远的人造飞行器"，已经冲出太阳系了！啧啧，我如果是"旅行者1号"，跟朋友海侃的时候，"我最远到过南极"都可以忽略了，一句轻描淡写的"不好意思，我冲出过太阳系"就可以秒杀一切！

不过，高兴至少还有包巧克力豆，而"旅行者1号"呢……等到2025年，它的电池用尽，将依靠惯性继续游荡在宇宙中。当然，那时候的它永远都不会回来了。

唉……好悲壮对不对？这样的离家出走算得上伟大了吧？目前看来，它算是个彻头彻尾的老年人——不论是主计算机的处理器还是主内存，都是相当原始的级别，现在随便一台智能手机的处理能力都超过它数万倍。即便这样，它仍然坚持走到现在，还把比它早半个月发射的"旅行者2号"远远甩在身后——这就是后天努力的重要性

啊！虽然我也不知道一个探测器是靠什么方法来努力的。

好吧，高兴在经过反复的比对和斟酌之后，决定跟我们回家。一来他觉得，离家出走这玩意儿，如果没有像"旅行者1号"那样伟大的使命，就完全是在添乱；二来其实他所抗议的事情，完全是一个不会再次发生的意外。

科学小贴士

"旅行者1号"在1979年与1980年分别探访了木星、土星以及它们的卫星，并发回万余幅彩色照片。

它是最早对木星、土星进行拍摄的探测器。也因为这次拍摄，我们更加了解了这些宇宙邻居，并发现了之前在地球上没有观察到的一些现象——比如木卫一上的火山运动。

5月24日 星期四
来自金星的"狮子头"

为了纪念随堂小测验顺利结束，我们决定放学后去少年宫的"花儿果咖吧"坐坐，花上点儿零用钱点上三杯饮料好好放松一下。

"花儿果咖吧"里都是跟我们一样的同龄人，饮料也多是果汁软饮等适合我们的品种。去年它刚开业时，我们经常来这儿写作业。再后来，我们发觉在我家写作业，在米粒家做做饭，或是去高兴家听他爸爸讲些别国的奇妙见闻有趣多了，于是来这里也就渐渐少了。许久不见，这里依然热闹。

这种时候，我们喜欢玩一个默契游戏，简单点儿说，就是看着旁边的人编一个天马行空的故事。现在，我们又要进入状态了。米粒咬着吸管，瞅着我身后一个头发蓬松如雄狮鬃毛的男生说："下午，他在操场给足球队捣乱来着。他踢着一个不知哪里来的篮球，还踢进球门了，然后发狂似的绕着球场跑了一圈，最后被足球队员轰了下去。"

高兴的故事接龙跑得有点儿远："哦，我上次见到他是在金星上。他特别喜欢阳光，他认为明媚的阳光会让他脸上的粉刺更漂亮。"我斜了一眼高兴，鬼才想让脸上的粉刺更漂亮呢！高兴没理我，看着"狮子头"继续说："我建议他来地球。虽然比起地球，金星离太阳更近。可是呢，金星上的大气层实在太厚了，大部分阳光都被反射回去，所以不如来地球，能接收到的阳光比金星上多多啦！"

我回头瞅了眼"狮子头"的脸："看来他是赚到了不少阳光。不过他一直在倒时差，到现在还不适应地球的睡眠周期。"我挑出奶茶中的一颗珍珠咬起来，"据说，地球的243天才等于金星的一天，所以在金星上要243个地球日才会睡一次觉。"我觉得这个信息很有价值，扬扬得意地咬着珍珠继续说，"他原来在金星上，一天只用打理一次头发。现在到了地球，同样的时间里要打理243次头发，实在太烦了，干脆弄成狮子头，省事！"

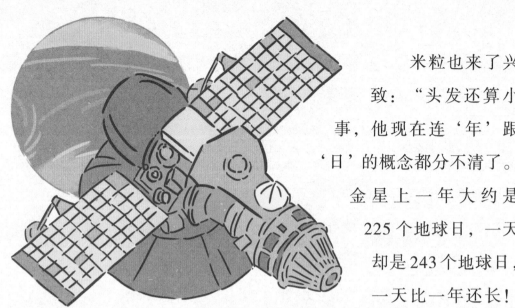

米粒也来了兴致："头发还算小事，他现在连'年'跟'日'的概念都分不清了。金星上一年大约是225个地球日，一天却是243个地球日，一天比一年还长！来了这边却发现过完365天才能过一次年，他简直都快疯掉了，于是睡不好觉成天盯着日历发呆，没多久就近视了。"

"狮子头"并没戴眼镜，我猜米粒是看到他放在桌面上的眼镜盒才这么说的。我觉得老说他的糗事不太好，所以决定给他挽回点儿形象。

"你们知不知道1966年在金星上硬着陆的'金星3号'探测器？对，就是苏联发射的那个。"我煞有介事地皱着眉问他们，其实这是上次高兴爸爸给我们讲的故事，"就是在金星着陆后联络信息全部中断的那个。当时金星人是第一次看到这种怪物，所以都不敢靠近，而他最勇敢，一个箭步就蹿上去了，本着当地先到先得的原则，他获得了一个超酷的机械手臂，现在还在他家里！"

高兴故作镇静地点评道："如果当时他是个青少年，那么从时间上看，他现在少说也已经50岁了。真是看不出来啊！"

"你们好！我看到你们一直在看我，是不是有什么事情啊？""狮子头"彬彬有礼地过来向我们打招呼。

我们盯着这位来自金星、满脸粉刺、50多岁、睡眠紊乱的少年，连连摇头："没事！没事！"

科学小贴士

金星那浓密的大气层不仅能反射阳光，还能让流星或是其他不小心光临金星的天体在到达金星表面之前由于强烈的摩擦而烧毁，所以金星上的陨石坑相对别的星球来说小多了。这可真是个强大的保护层啊！

6月16日 星期六
大块头有大智慧

　　我实在想象不出，一个胖子能有如此灵活的身手！

　　这并不意味着我歧视胖子，毕竟我最好的朋友之一——高兴同学就是个不折不扣的小胖子。只是高兴在运动这件事情上确实没啥天赋，导致我一直无法把"胖子"与"灵活"联系起来。直到我今天见到了那位踩着小碎步灵活地在田

间挪动，并且保守估计至少150多千克的大块头丹尼斯，这才彻底扭转了我对胖子的印象。

　　丹尼斯是位农业专家，这次是受高兴爷爷邀请，从美国远渡重洋，专门来这指导如何种植有机蔬菜的。艳

阳高照,丹尼斯的白胡子仿佛一面镜子,欢快地将阳光反射出去。好家伙!除了他,还能同时符合"大块头""灵活"俩词的只有老爸的偶像"大鲨鱼"奥尼尔了。当年他可是"驾驭"着160千克的体重在美国职业篮球联赛的赛场上驰骋多年!或者,范围再广一点儿的话,木星也算符合条件的一个。

虽然身为太阳系中体积最大的行星,木星的自转速度却是八大行星当中最快的,说它勤劳又灵活一点儿都不为过。除此之外,它就像一个处于青春期,有着无限愤怒与不满的能量少年,常常纠结不断,直接现象就是老搞些高速飓风来呼啸一阵。大气中化学成分的微妙

差异以及温度等多个因素令它的"肤色"相当不均匀，不过倒
是形成了专属于它的地表带。至少，所有人看到这张脸，都知
道这是木星。最酷的是，我说它"有着无限愤怒与不满的能量
少年"可是名副其实，人家大气层紊乱可能是因为内部"火气"
太大。注意，木星内部可是有热源的哦，而且由于木星是气态
行星，内部的热量可以直达表面。

　　大块头有大智慧，不论是高兴、丹尼斯、奥尼尔或是木星，
他们的闪光点可不会因为体重的增加而减少，而且，说不定他

们会成为我一辈子的好朋友。好吧，最后我还想替木星炫耀一下：说起木星上最著名的风暴"大红斑"，至少从17世纪起，就有人观察并记录它了。没错，这意味着这300多年里，这个风暴一直没消失过。至于"大红斑"到底有多大呢，保守估计也就两个地球那么大吧！

科学小贴士

"大红斑"存在的300多年里，早已改变了颜色与形状，但是从没完全消失过。正常情况下，风暴会在发生一定时间后自动消失。至于"大红斑"，美国有研究人员发现，它有一个能量补充机制，所以才能折腾这么久。不过这只是一家之言，有待进一步研究证实。

6月30日 星期六
"勺子"的未来

没有比夏夜躺在屋顶看星星更惬意的事情了。
这事听起来挺容易，实际上也确实很容易——你只
需要一块凉席和一个宽阔且视野极好的屋顶。当然，
充足的花露水和"蚊不叮"也是很有必要的。

如果不下雨，我和米粒、高兴可以这么躺上个
把小时，脚下争着凉席"殖民地"，眼睛却能静静

地看着北斗七星——它们超级超级龟速地飘过，悠闲地围着北极星打转。

　　说到北极星，它真是一个天生幸运的家伙。想象一下，地球就像一个被啃得只剩下一颗山楂的糖葫芦，我就站在这颗山楂上面，穿过糖葫芦的木棒顶端有颗星星。这时候，糖葫芦开始绕着木棒转动，我眼前的一切都在旋转，唯独不变的是那颗总在木棒顶端位置的星星。北极星就是那颗幸运的星星，位置正好在地球自转轴（相当于那根木棒）的方向上。无论地球怎么转，我眼里北极星的位置始终如一。

　　在人类眼中占据"永恒不变"的位置，甚至充当指示方向的标志，北极星一定自我感觉良好吧！遗憾的是，这只是地球人的错觉。因为，北斗七星和其他星星绕着北极星旋转，只是从地球上看起来如此。要是火星或者别的什么星球上有智慧生物，他们看到的肯定是另一副样子。

老实说，我很羡慕北斗七星，在漫长的时间里并驾齐驱不弃不离。而且，起码从地球上看，它们还有一个共同的目标——围着北极星转圈圈。不过，我可没法保证它们会一直把自己打扮成一个正常的勺子。听米粒妈妈说，依照北斗七兄弟目前的走势，10万年后它们可能会做一回把儿折断了的勺子。

真想亲眼看看那时候的它们。

科学小贴士

北斗七星的作用可不是仅仅在天上摆个勺子的造型而已，古时候它们可是判定季节的有力工具。这是古人依据黄昏时北斗七星所在方位写的口诀：斗柄东指，天下皆春；斗柄南指，天下皆夏；斗柄西指，天下皆秋；斗柄北指，天下皆冬。

7月12日
星期四
小小大人物

我是个大人物，我一直都这么觉得。

请注意，我并没用"将会"这样的字眼儿，因为我现在就是，或者说自打出生起我就是个大人物，一个世界上独一无二的家伙，没人能成为我，我也不会成为任何其他人。

我跟一群大人物保持着友好往来，还与其中两个同住——

他们是把我带到这个世界的人。另外，还有一条名叫琥珀的"名犬"和我朝夕相处。这样看来，我的生活已经让我非常满意了。要不是因为我那伟大的理想，"渺小"这词离我实在太遥远了。

唉！谁让我想做个航天员呢。

如果我的理想是快递员，我只要把管区内的街道位置摸清就好。如果是出租司机，把城市里的地形熟悉就行。很遗憾，我想当个航天员，这意味着我得把宇宙熟悉一遍——至少得知道哪个方向能掉头回地球吧！

这可不是多绕几圈就能回家的事。不过，想想有机会在水星边看看悬崖，到火星边瞅瞅火山，

我就兴奋不已。希望有一天，我能站在奥林匹斯火山的脚下，感受自己的渺小，崇拜它的伟大——它差不多有三座珠穆朗玛峰那么高。谢天谢地，它是座死火山，不然我旅行到火星的时候，这家伙要

是喷起来，我就永远回不了地球了。

航天员的梦想里到处充斥着这种庞大伟岸或是细小神秘的奇异物质。

对奥林匹斯火山的仰望已经足以让我晕眩，可它却只是我梦想中很小

很小的一部分，因为我的梦里装满了超出我计数能力的星球……

好吧，在某些方面我确实很渺小，但如米粒所言："你嘛，使劲儿长顶多两米长，人的大小看梦想。"

我一直觉得米粒对梦想的概念理解有误，不切实际——比如她想凭自己的手艺做个厨师，但我觉得她那句话还是挺在理的。

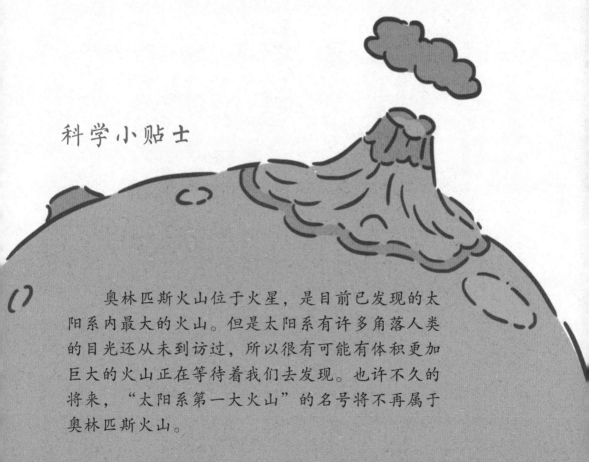

科学小贴士

奥林匹斯火山位于火星，是目前已发现的太阳系内最大的火山。但是太阳系有许多角落人类的目光还从未到访过，所以很有可能有体积更加巨大的火山正在等待着我们去发现。也许不久的将来，"太阳系第一大火山"的名号将不再属于奥林匹斯火山。

8月27日
星期一
谢谢你，
我的朋友

　　我觉得琥珀上辈子肯定是我的亲兄弟。

　　除了没事霸占我的床（睡袋），不动声色跟我抢吃的（眼睛直直地盯着我吃东西），或是明示暗示陪它玩飞盘之外，它还会在那些高年级熊孩子为难我时高吼两声。

　　今天下午，一个高年级的熊孩子居然因为琥珀惊人的速度与骇人的气势摔了个屁股蹲儿，这可真是太解气了！要知道，前一分钟他正拦住我，让我为他眼馋的零食买单。可他在我快到家的时候打劫真是太不明智了。琥珀远远看到了我那"真的不喜欢你但又不敢惹你"的窝囊表情，一个百米冲刺，风风光光地替我解了围。

　　我觉得琥珀会为我做任何事情，只要我有求于它。它就是我的莱卡！视我为生命全部的莱卡！这个莱卡可不是相机，而是那只比人类还早地进入太空的小狗！唉……如果莱卡没因为当时的航天服技术问题变成"火烧狗"，并且苏联能把承载着它的太空舱顺利收回的话，它也不至于至今凄惨地飘浮在太空中，而是会受到英雄般的礼遇直到幸福老去吧……

除了莱卡，参与人类航天事业的动物还有很多。猴子、黑猩猩、兔子、猫咪、青蛙、老鼠、鱼、蜥蜴，甚至还有苍蝇。它们中的一部分顺利完成任务并且安全返回地球。比如黑猩猩汉姆，它在经历了16分39秒的太空飞行后，与太空舱一起坠入大西洋。被救起后，它得到了一个苹果和半个橘子的奖励，之后它在动物园中平静老去，直到25岁。而另一部分……唉，我亲爱的朋友们，真的非常谢谢你们！如同你们对人类的依赖一样，我相信我们的世界也不能没有你们！

　　而我的莱卡——琥珀同学，虽然平时确实不靠谱——霸占我的睡袋，趁我不在偷吃我的冰激凌（我看到冰激凌只剩下蛋筒的第一时间就去撬开琥珀的嘴，哎哟，里面还有一坨没咽下去），或是撕扯我的新袜子，可是关键时刻我是如此地依赖它，它也是那么地维护我。琥珀，我向你保证，不论发生什么，你在我心中的形象一定如莱卡一样伟大，而你也会平安无事直到终老——也许这是我唯一能向你保证的了。

　　那位从太空中顺利归来的小狗贝尔卡的后代，甚至在苏联与美国的和解过程中扮演了重要角色，它自己也成了当时苏联人心中的动物偶像。琥珀，你会羡慕它们吗？它们不仅有主人的爱，更有千千万万人民的爱。这意味着不论走到哪里，它们总会有吃不完的骨头，这也是它们用高度危险的工作换来的。你如果能一直平安地待在我身旁就太好了，我当然会支持你去做你喜欢的事（比如去结交漂亮姑娘），你高兴就是我高兴。但若是进入太空等冒险与荣誉并存的工作，我希望还是由我来，而你肯定是在我返回出舱时，第一个与我拥抱的家伙。

科学小贴士

苏联航天员加加林是第一位进入太空的人，但并不是第一位进入太空的生命——在他之前，已经有几条小狗进入太空执行任务。据说加加林曾在返回地球时开玩笑地说："我是宇宙中第一个人，还是最后一只狗？"

9月11日 星期二
"迷失火星"俱乐部

我觉得每个人生来总要弄丢几样重要的东西，比如有着全A历史的作业本，还差一次消费记录的打折券，陪伴你长大的宠物（真不敢想象弄丢这个的人会多么痛苦），对世界无限美好的设想，或是刚买的圆珠笔。如果丢东西的是火星，比如……几个火星探测器？

苏联就曾有这么一个倒霉蛋"火星1号"——人类发射的第一个火星探测器，飞离地球约1亿千米就走丢了。这事实在不能怪火星，因为它俩连面都没见上。

"火星全球探勘者号"是另一个与咱们失去联络的倒霉蛋。遗憾的是，这个倒霉蛋还是个功勋卓著的老英雄：1996年升空，原本两年的预计使用寿命硬是被它撑到10年。直到2006年失踪之前，它仍坚持不断地向地球发回火星数据。我觉得这太蹊跷了，10年都过来了，哪有说丢就丢的道理？高兴觉得肯定是火星的邻居干的，想象一下：大家都跑去关心火星，它在旁边杵着多心寒，于是决定把探测器全都划拉到自己家做客去，但没想到就此破坏了探测器的联络系统。咱们联络不到探测器就以为它们失踪了。

　　好吧，这理论实在牵强。也许不能怪火星的邻居，只能说有些火星探测器自己太粗心大意了，比如1992年发射的"火星观察者号"探测器。它体格强壮（重2.5吨），设备齐全（随身携带7部仪器），任务也超级多：绘制整个火星表面图啊，预告火星气候啊，测量火星各种数据，等等。然后，它就在1993年8月与咱们失去联络了。这不就像一个雄心

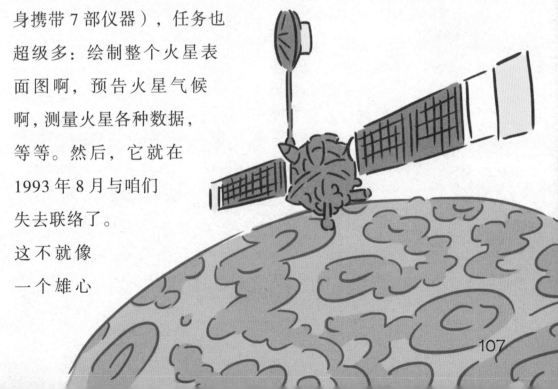

勃勃的新职员刚跑到新公司报到，正准备大干一场时却莫名其妙地瞬间消失了吗？

这群倒霉的家伙可以组成一个"迷失火星"俱乐部了。顺便加上 1998 年发射的"火星气候探测者号"——它在 1999 年 9 月就与地球失去联系了。还有 2004 年着陆火星的"勇气号"探测器，它总算在火星上坚持工作到 2011 年才与我们失去联络，此前它可是劳动模范，硕果累累啊！

不过，也不是所有的火星探测器都这么不着调，还有不少圆满完成任务或正在执行任务，暂时还未失联的幸运儿：1972年"水手 9 号"沿

火星轨道飞行并发回 7329 张照片，1976 年"海盗 1 号"和"海盗 2 号"在火星上成功着陆，后面还有 2012 年着陆火星的"好奇号"，2021 年着陆火星的"天问一号"……

那些"迷失火星"俱乐部的会员们，是我心中遥远的牵挂，但愿这个俱乐部不再增加新的会员。

科学小贴士

1971 年，苏联"火星 2 号"探测器的着陆器在火星表面着陆，虽然刚落地就很遗憾地碰上了大规模尘暴，但它还是成为第一个在火星表面着陆的人造探测器。为了避免干扰火星的生态环境，它像其他探测器一样在发射前仔细地洗了个澡——着陆器被全面消毒杀菌。不过还是因为某些故障，火星车在着陆时坠毁，没有开展任何工作。

10 月 13 日 星期六
头顶光环的小天

天气不错，我决定叫上米粒、高兴到楼下草坪野餐去。

然后我们就遇到了琥珀的好兄弟——小天。我们陪琥珀出来玩耍，有好几次碰上了这只大金毛——真不懂为啥叫它"小天"，它可真不小，身长都够我双臂的长度了。怎么说呢，我之前对它的印象还是很不错的，当然，那是在我身边没有美食的前提下。总之，我们刚找到一块称心如意的草坪铺下毯子，远处便闪过一个金黄色身影，飞速向我们冲来，它直接蹦到了米粒身上——米粒的手里拿着我们的野餐篮。因为惊吓过度，她失手打翻了篮子，蛋黄派、草莓饼、各种冰激凌以及米粒自制的生煎滚落一地。而小天，这个早有预谋的机灵鬼立刻扑入食物堆里，把我们刚刚铺好的毯子搞得面目全非。

这时候，小天的主人才翩然登场，我猜他应该跟我们一个年级，我觉得我在学校见过他。他拿着机灵鬼小天的遛狗链跑来，气喘吁吁将它驯服，然后手忙脚乱地向我们道歉。这时候不接受道歉也没办法了，除了剩下少量糖果，其他食物基本都被小天解决了，包括"米粒牌"生煎。

作为补偿，小天的小主人请我们去喝果汁。

于是，我知道了小天的全名叫作"小小天王星"——它跟真正的天王星一样，是被人用望远镜发现的。不过，与"天王星是第一颗用望远镜发现的行星"不同，小天并不是主人用望

远镜发现的第一只狗狗——这位小主人在此之前已经用望远镜找到并收养了三只流浪狗。但随着前三只得到不同主人的认养，小天也就成了主人的唯一。倒也不是没人愿意领养小天，只是这家伙在最开始的一段时间实在不像一只狗狗，而是高傲冰冷得像只猫咪，没人能接近它——这点还真像天王星表面令人望而生畏的零下 224 摄氏度的最低气温。所以，小主人就把它留在身边了。

现在的小天怎么看都不再高傲冰冷了，特别是遇到美食的时候，它热情得就像一团火焰——就跟浑身布满甲烷的天王星一样，这倒是没辜负"小小天王星"的称号。我觉得米粒不讨厌它，毕竟，能如此欢快地消化她生煎作品的没几个人。我猜，小天在米粒心里已经成为头顶光环的天使，就像真正的天王星自带光环一样。虽然天王星的光环没有土星的"大草帽"那

样绚烂夺目，但也是正儿八经的"太阳系内发现的第二个环系统"了。我的直觉没错，米粒已经跟小天的主人约好，下次带上小饭一起出去遛遛。

我很佩服小天的主人，有这样强大的能力来帮助流浪狗可不是一件容易的事，这里面包含了说服爸妈在家里同时喂养多只来路不明的狗狗，通过劳动换取零花钱买狗粮及负责狗狗们的医疗，每天陪它们散步或是让它们放下警惕与人们快乐地生活在一起等复杂工作。而这家伙年龄跟我差不多大，真是好样的！

科学小贴士

当年，科学家打算通过观察天王星的运行轨迹来研究一颗恒星。按照预计，当天王星运行到某个特定位置时，会将这颗恒星遮住。可实际观测时却发现，还没等天王星运行到这个位置，恒星就已经被遮住了。这个意外现象只有一种解释：天王星外面还有个环状系统，抢在前面运行到了那个特定位置，遮住了恒星。于是，天王星的环就这么被发现了。

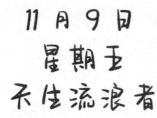

11月9日
星期五
天生流浪者

    李爷爷是个
很神奇的人。

    他总是神出
鬼没。夏日午后，
阳光暴晒，超市外锣
鼓喧天搞着促销，他却躺
在路对面，撑着脑袋悠闲地看着来往的人们。落叶初秋，我们
在教室里奋笔疾书，他却沿着学校的围栏慢悠悠
地边走边看着什么。从俯身的姿势看，我猜他
在观察蚂蚁。他穿着破旧，但身边的喝
水杯总是一尘不染。街
角的那个简易屋

是他的落脚地。我们从没有见他面露难色，反而时常面带微笑，一脸享受的模样，像是把整个世界当成了他的后花园。

我们在上课，他在游荡；我们在玩耍，他在游荡；我们在……他在游荡。总之，他在游荡。他跟这个世界好像没有任何联结，他自成一体，永远生活在自己的体系里，独立在我们的世界之外——可是，李爷爷不论怎么游荡，晚上仍要回归自己的小屋——他终归还是属于我们的世界，小屋是他属于这里的一个坐标证明。

我一直这么想，以至于认识 CFBDSIR2149-0403(这名字太长，先叫它 "2149" 吧) 后，我也觉得它并不孤单。跟别的行星相比，这个只有 5000 万到 1.2 亿年历史的行星的确是太年轻了。它就像一个喜爱流浪的小伙子，那么快活，不受束缚，自由翱翔在天际，它不需要围绕任何星体旋转。也许，它曾属于某个

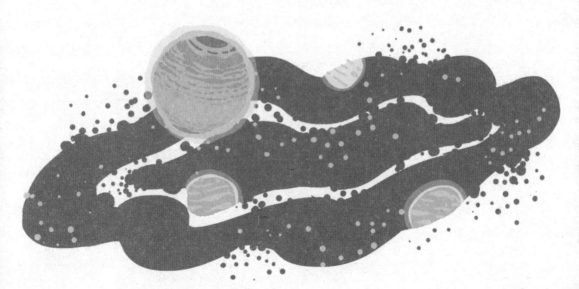

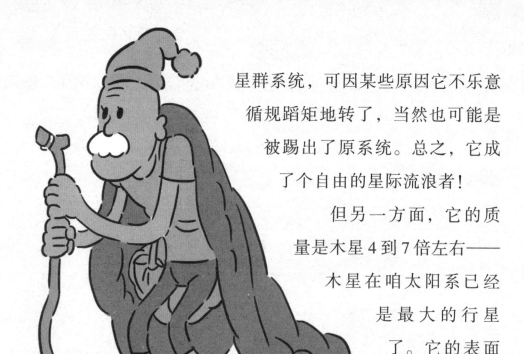

星群系统，可因某些原因它不乐意循规蹈矩地转了，当然也可能是被踢出了原系统。总之，它成了个自由的星际流浪者！

但另一方面，它的质量是木星4到7倍左右——木星在咱太阳系已经是最大的行星了。它的表面温度约400摄氏度，跟金星差不多。这些特质将它与别的行星联系在一起：它被认为是剑鱼座AB移动星群的组成部分，虽是自由的星际流浪者，但也是有组织纪律的！

它因为没有"规则"的"团体活动"而备受米粒怜悯，可我却认为，2149是一颗有态度、有勇气，值得被尊重的星星。它不循规蹈矩，勇敢选择自己爱的生活方式。大多数星星要么围着别人转，要么被别人围着转，而2149既不围着别人转也不被别人围着转。这样与众不同的生活方式可是要承受一定的压力的，不过看起来，它并不害怕，而且，潇洒极了。

2149，它对我的意义与李爷爷一样重要。他们生来独特，

为自己而活，抓紧每一秒享受着自己的
生命。但同时，他们都有自己所属
的团体，并没完全独立在世界之
外——共同生活却又保持自我。我
一定要介绍2149给李爷爷认识，我想他们一
定会很喜欢对方。

　　不论你选择如何生活，世界上总会有人、有物与你并肩，
时刻为伴。

科学小贴士

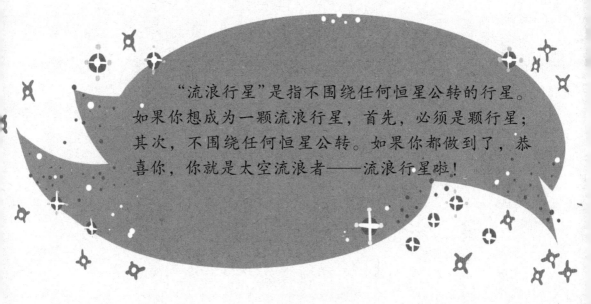

　　"流浪行星"是指不围绕任何恒星公转的行星。
如果你想成为一颗流浪行星，首先，必须是颗行星；
其次，不围绕任何恒星公转。如果你都做到了，恭
喜你，你就是太空流浪者——流浪行星啦！

11月25日 星期日 眼界无限大

想了解太空，除了躺在凉席上看星星，还有别的方法吗？

我可不想读一堆不知所云的数据，这只会让我更讨厌数学。所以，我就去找老爸拉赞助了。

那架天文望远镜真是我的最爱！但它昂贵的价格让我只可远观。老爸很赞同我花大笔钱不是为了玩具，而是为了理想。然后，他礼貌地拒绝了我："你可以去天文馆、科技馆或是别的什么地方，那儿也有天文望远镜，或者，交几个有天文望远镜的朋友？"

很好，我就这样交到了新朋友——一位知识渊博的天文馆研究员，沈先生。渊博是从他的眼镜上看出来的，那眼镜简直可以当啤酒瓶底了！我和米粒、高兴一踏进他家门就开始大呼小叫：满屋子各式各样大型小型的望远镜，虽然有的明显看出零件老化，年纪比我还大。

于是，我们蹭来了一堂望远镜简史课：1608 年，一位荷兰眼镜商制造出了人类历史上的第一架望远镜，但不是用来看星星的。1609 年，意大利科学家伽利略用以他名字命名的望远镜完成了一系列重要的天文发现。于是乎，望远镜就开始在天文学中崭露头角啦！也是呀，那时候人又不能去太空，也只能借助这个"千里眼"来看星星了。

然后呢，1668 年，牛顿和他的反射式望远镜隆重登场了。在这位天才去世 50 多年后，"观星达人"威廉·赫歇尔利用不断改

造的反射式望远镜第一次研究了银河系的结构。后来，靠着这些不断改进或是利用新技术创造的"千里眼"，人类的现代天文学"嗖嗖"地发展着。现如今，天文望远镜家族异常庞大，既有适合我们普通天文爱好者（或未来航天员）的折反射式望远镜，又有大名鼎鼎却又历经坎坷的哈勃空间望远镜——建造它前后花了11年，耗资30亿美元，终于在1990年进入太空工作。倒霉的是没多久就发现它获得的图像品质远远低于预期，修理它时那叫一个声势浩大，它也很给力，修好以后的工作效果比之前的预期还要好得多！哈勃望远镜的成就我们都知道了，比哈勃望远镜更强大的韦伯望远镜已经升空，韦伯望远镜能使人类的眼睛延伸到什么地方呢？

沈先生滔滔不绝地讲了一下午，他实在是太爱分享了。如果没有这些"千里眼"，我们只能像古人那样观星，也就不会有现代天文学了。

在道别的时候，我有点儿不好意思——沈先生一直在讲啊讲的，我的吸收能力有限，只记住了一半左右。另外，他对演讲的热情使他完全忘了让我们摸摸或是用用那些"千里眼"……算了，我已经计划好下次再来了。

科学小贴士

射电望远镜是用来观测和研究来自天体的射电波的基本设备，天文学取得的一些非常重要的发现都与射电望远镜有关。你们见过大约有30个足球场那么大，用上千个六边形球面单元拼合而成的"天眼"吗？那就是由中国科学院国家天文台主导建设的500米口径球面射电望远镜。

12月6日 星期四 寻找小绿人

我做了一个这样的梦。

我走在一片看起来非常特殊的海滩上，沙滩泛着荧光红，海水也是荧光色。在海水与沙滩交界的边缘还有些晶晶亮的星星，这些星星随着海水有节奏地拍打着沙滩。海水退去，星星留在沙滩上，然后在下一波海水与星星到来前消失掉。一个绿色的小人儿沿着这些即将消失的星星，蹦跳着向我跑来。

然后我就醒了，我的手举在脑袋左侧，好像我刚刚准备跟他打招呼来着……

高兴很兴奋，他觉得这很幸运，因为不是谁都能梦见带着星星的海滩。米粒不愧是"专业看星星阿姨"的女儿，她建议我查查"小绿人星"，说会有惊喜。

这确实是个惊喜，至少在这之前我还从没听过"脉冲星"——一种体积超小，质量超大，而且以极快速度自转的天体。它很热情，以固定频率向宇宙发送着射电信号，超级规律。你可以想象一下，如果听到不规则的鼓声，我们会以为是石头或是雨水落在鼓面上。如果听到了一段极具节奏感的鼓声，第一反应是："哇，这个打鼓的人好厉害！"脉冲星当年就发送了它那"极具节奏感"的鼓声到地球上。咱们那些收到信号的同胞们为之震惊——这么有规律的节奏一定是有智慧的生命在控制着！这个生命还发送了这个"节奏"给我们，地球人将它翻译为："你好，请问这里有人吗？"

所以人类发现的第一颗脉冲星就曾被叫作"小绿人1号"——"小绿人"是当时科幻小说里外星人的名字。当然，在深入研究这个"超会打鼓"的"小绿人"时，人们发现它是个天体，而且没有生命。至于它能这么有节奏地打鼓的原因，我得从头梳理一下。

在地球上能用指南针是因为地球有磁场对吧？虽然地球磁场的大致方向指着南北，但并不与地球自转轴重合。脉冲星跟地球一样，磁场也不与它的自转轴重合。所以每当脉冲星自转一周，它的磁场也就在太空中画一个圈圈，这圈圈可能会扫过地球打扰我们一下，这时候咱们就接到它"打扰"的"节奏"啦！可是这并不意味着地球也能当脉冲星。因为这么强烈的信号发射起来可不容易，首先体积要小，但是质量要大，而且自转要快——脉冲星自转一周最快只要0.0014秒，至于我们地球嘛，自转一周就是一天喽。

脉冲星就是这么一个神奇的存在：质量大，自转快，而且能一直维持热情四射的状态。所以，脉冲星确实不是个有生命的小绿人。

不过，我倒是相信，我梦中的小绿人确实存在。我相信在宇宙的某个角落一定会有生命存在着，至于它到底在哪里我也不知道。但是宇宙这么大，肯定有他的容身之处吧！

　　而且，宇宙这么大，如果只有我们，实在是太可惜了。

科学小贴士

　　脉冲星的发现是天文学界的大事情，1974年的诺贝尔物理学奖就有一项是和发现脉冲星有关的。但是，获奖人里面并没有脉冲星的发现者乔斯林·贝尔·博内尔，反倒是她的教授休伊什榜上有名。这在当时引起了一些争议。

12 月 29 日 星期六
猎户座的金腰带

　　最近几天我都不在状态，对所有事都提不起兴趣。这很奇怪，按理来说，如果坏消息发生在上午，那么波及时间绝不会超过午饭。如果坏消息发生在下午，那最晚我也会在晚饭桌上把失落和食物一起大快朵颐地咽下肚。用美食调节心情可是热爱生命的好方式，宝贵时间用来郁郁寡欢可不是我的风格！我得赶紧找到困扰我的事情，然后解决掉。

好吧，也许是因为琥珀又把我那袜子撕了个洞——不会的，那袜子的款式花色我早不喜欢了，正愁找不到正当理由扔掉呢！也许是忘了带钥匙没法进家门——更不会了，要不是没带钥匙，今晚我就不能心安理得地到高兴家蹭饭了。到底是为了什么？算了，想不起来就不想了……

晚饭后的节目，是跟高兴、米粒一起观星。今天的星星可真漂亮啊！好久没看到这么清楚的猎户座啦！啊，没错！我就是因为这个没精神的，我确定！上周的几次"观星会"因为雾霾过多，根本就是雾里看花。而看星星正是我这个未来航天员的"充电神器"，有这么多次失败的"充电"经历，难怪我现在没能量啦！

高兴说，猎户

座就像一个举着盾牌的男子汉，每天的作息像战士一样严谨——晚上从东南方升起，绕个圈从西南方落下。即便是在这样寒风瑟瑟的黑夜，这位"战士"的四颗主亮星还是组成了一个挺拔的四边形。米粒感兴趣的却是它的"腰带"。哈！其实，我每次找猎户座，也是先找到这条"腰带"上的三颗星！不过，我怀疑，米粒之所以对

"腰带"青睐有加，完全是为了追随一位古代国王的口味。嗯，事情是这样的：在很久很久以前，古埃及有个叫胡夫的国王，以他的陵墓"胡夫金字塔"为首的最大的三座金字塔，在位置上与猎户座"腰带"上的三颗亮星完全对应，而且三座金字塔

的大小也正好符合三颗星的亮度。

　　不过，要是我对高兴讲这些，高兴再跟他的米粒妹子一广播，我就等着挨骂吧！米粒最讨厌别人说她跟风了，哪怕她跟的是一个国王，哪怕说她跟风的是未来的航天员童晓童。

科学小贴士

　　　　听听"猎户"这个名字，脑袋里是不是立马想到举弓射箭的胡子大叔？为了让他的"狩猎"活动不那么无聊，他的邻居还有麒麟座、大犬座、金牛座、天兔座和小犬座等，看起来真是个热闹的狩猎团队啊！

科学日记的写法

不瞒你说，写了这么多日记，我通过总结，已经深刻认识到科学日记与普通日记的不同啦！

普通日记主要就是要把当天事件的主人公、时间、地点都写清楚，还要把主要事件的起因、经过、结果交代明白。注意不能写成"8点我做了什么，然后又做了什么，接下来又怎么样"，这样就变成了"日记杀手"——流水账了。

写日记呢，还要注意加入自己的思考和情感，否则讲出来的事情就像发生在石头人身上，干巴巴的，一点儿都没意思。你知道的，我们小朋友总是有很多被大人称作奇思妙想的东西，如果不记录下来，就太可惜了。

啊，对了！还有一点是写日记一定要勤奋。我们身边每天发生那么多有意思的事情，也会遇到许多奇特有趣的人，这都需要及时记录下来。因为发生在我们身边的事情太多了，如果不及时记录，时间一长就会忘记。要知道，很多大文豪，都是通过记日记积累素材、锻炼文笔的呢！咱们的作文也可以

通过记日记来提高。

　　接下来我要说说科学日记的写法。科学日记也是日记的一种，所以在基本要求方面是和普通日记一致的，不过多了"科学"二字，却又有许多需要注意的地方。普通日记中，我们可以单纯记述一个现象，那么科学日记就要求我们解释这种现象，并且尽量在此基础上做到举一反三，集思广益，用我们的智慧做引导，亲自动手去实践。因为实践才是检验真理的唯一标准嘛！讲解一个现象的科学原理是一个很复杂的过程，如果只是将书本上的解释抄在日记本上，很多对于我们来说依然是一头雾水。所以不懂的知识要向大人们请教，直到真的明白了，再用自己的话记到日记里，这样的科学日记才是有意义的！

　　记日记需要勤奋，记科学日记还需要有探索精神。日常生活中的点滴都蕴含着科学原理，多问几个为什么，你会发现许多想象不到的有趣知识。树上的果子掉下来砸到牛顿，牛顿问出为什么果子是向下落到地上，而不是飞上天。如果是你，会不会欢天喜地抱着果子洗洗吃掉了呢？

图书在版编目（CIP）数据

神秘的太空 / 肖叶, 万文丹著 ; 杜煜绘. -- 北京 : 天天出版社, 2022.10
（孩子超喜爱的科学日记）
ISBN 978-7-5016-1911-5

Ⅰ. ①神… Ⅱ. ①肖… ②万… ③杜… Ⅲ. ①外太空
－少儿读物 Ⅳ. ①V11-49

中国版本图书馆CIP数据核字(2022)第160453号

责任编辑: 陈 莎　　　　　　　　　美术编辑: 曲 蒙
责任印制: 康远超　张 璞

出版发行: 天天出版社有限责任公司
地址: 北京市东城区东中街 42 号　　　　**邮编**: 100027
市场部: 010-64169902　　　　　　**传真**: 010-64169902
网址: http://www.tiantianpublishing.com
邮箱: tiantiancbs@163.com

印刷: 北京利丰雅高长城印刷有限公司　**经销**: 全国新华书店等
开本: 710×1000　1/16　　　　　　　**印张**: 8.25
版次: 2022 年 10 月北京第 1 版　**印次**: 2023 年 1 月第 2 次印刷
字数: 78 千字　　　　　　　　　　**印数**: 5,001-8,000 册

书号: 978-7-5016-1911-5　　　　　　**定价**: 30.00 元